최애의
전통주

최애의
전통주

조희원 · 정민환

안주는 남겨도
술은 남기지 않는
당신을 위하여

카멜북스

일러두기

본 도서의 '전통주'는 법적 분류가 아닌 문화적 의미의 우리술을 포괄합니다.

안주는 남겨도
술은 남기지 않는
당신을 위하여...

솔직히 고백하자면, 몇 년 전까지만 해도 저에게 우리술은 장수막걸리가 전부였습니다. 마트 진열대 한 편의 초록색 띠지가 붙은 막걸리가 우리 전통주의 시작이자 끝인 줄 알았죠.

사실 우리술과의 만남은 우연이었습니다. 인스타그램 웹툰 작가인 아내와 함께 우리나라 지역별 전통차를 취재하며 주말마다 전국을 돌아다니던 중이었어요. 웹툰 속 홍시 캐릭터 '조대봉'인 아내와 토마토 캐릭터 '토망씨'인 저는 지역별 차 문화를 취재하다가 자연스럽게 지역별 양조장들을 방문하게 되었습니다. 그리고 그 계기로 찾아간 강화도의 한 양조장에서 한 잔의 막걸리를 맛보고 깨달았어요. '아, 막걸리가 이렇게 맛있는 술이었나?'

'탁하다'는 이유로, 혹은 '숙취'라는 이유로 막걸리는 제 주류 선호 리스트에서 배제되어 있었는데, 생각보다 부드럽고 향기롭고, 고급스럽고 너무 맛있었던 거죠. 100년 된 양조장의 분위기가 한몫했을 수 있겠지만, 너무 맛있는 술을 뒤늦게 알게 된 기분이었습니다.

그렇게 우리술을 조금씩 맛보며 공부하기 시작했습니다. 저는 막걸리나 소주가 우리술이라는 건 알았지만, 와인(Wine)이나 진(Gin)도 지역 특산주로 인정되어 우리술의 범주에 포함된다는 점을 처음 알게 되었습니다. 그리고 양조장 사장님의 이야기를 듣다 보니 우리술마다 각자의 소중한 이야기를 품고 있다는 것도 알게 되었어요. 지역마다, 양조장마다 다른 맛과 향, 그리고 역사가 숨어 있었죠. 그 앞에서 저희 부부는 마치 보물섬을 발견한 아이들처럼 설레었습니다.

홍시와 토마토가 함께 떠난 여정

이 책은 그렇게 시작되었습니다. 대봉씨와 토망씨가 함께 떠난 우리술 탐험의 기록이에요.

소심한 성격의 조대봉 작가는 용기를 내어 우리술 대축제에서 양조장 사장님들을 한 분 한 분 찾아뵀습니다. 처음엔 떨리는 목소리로 인사를 건네던 그녀가 점점 자신감을 얻어 가는 모습을 뒤에서 응원했죠. 전통주 갤러리 남선희 관장님께 조언을 구할 때는 함께 옆에 서서 긴장했고, 관장님의 따뜻한 응원에 함께 기뻐했습니다.

저는 직접 다양한 우리술을 맛보며 맛과 이야기를 글로 기록했습니다. 직접 양조장과 매장, 축제장에서 맛본 수많은 우리술의 첫 모금과 술 속에 숨어 있는 이야기를요. 조대봉 작가는 그 이야기를 그림으로 담아 주었습니다. 고심 끝에 탄생했을 술의 디자인과, 술에 담긴 재미있는 이야기, 어느 양조장 사장님이 좋아하는 빨간 구두까지. 웹툰으로 단련된 그녀의 손끝에서 우리술의 이야기가 생생한 선과 색을 입으며 살아났습니다.

감사의 마음을 전하며

이 책이 세상에 나올 수 있도록 도와주신 모든 양조장 대표님들께 진심으로 감사드립니다. 바쁘신 와중에도 응원해 주시고, 저희의 취재를 흔쾌히 허락해 주시고, 당신의 술을 책에 수록할 수 있도록 도와주셨습니다. 무엇보다 더 정확한 내용을 책에 수록할 수 있도록 원고를 검토해 주신 덕분에 이 책이 더욱 완성도 있게 만들어질 수 있었다고 생각합니다. 만약 이 책에 수록된 내용 중 잘못된 부분이 있다면 그건 전적으로 제 부족함에서 비롯된 것입니다. 다시 한번 모든 분들께 감사드립니다.

아직 만나지 못한 보물들

이 책에서 소개하지 못한 우리술들이 있습니다. 그것은 절대 맛이 없어서가 아니라, 저희 부부가 다 맛을 보지 못했기 때문입니다. 우리나라에는 수백 가지가 넘는 다양한 전통주가 존재하고, 각 지역마다 독특한 재료와 제조 방법으로 빚어내는 술들이 정말 많습니다.

시간과 여건의 한계로 제가 모든 전통주를 직접 경험하고 맛볼 수는 없었지만, 아직 맛보지 못한 술들 중에도 분명히 뛰어난 품질과 맛을 자랑하는 술들이 많을 거라는 걸 잘 알고 있습니다.

독자분들께서 이 책에 수록되지 않은 보물 같은 양조장과 우리 술을 발견하신다면 꼭 알려 주세요. 자랑스러운 우리 술이 우리나라뿐 아니라 전 세계적으로도 많이 알려졌으면 좋겠습니다.

안주는 남겨도 술은 남기지 않는 당신을 위해

저는 술자리에서 이야기를 나누다 보면, 배불러서 안주는 남겨도 서로의 술이 끝날 때까지는 서로의 이야기와 마음을 나누던 기억이 있습니다. 어쩌면, 안주는 남겨도 술은 남기지 않는 당신은 술자리의 상대를 끝까지 소중히 여기는 사람이지 않을까 생각합니다. 이 책이 우리 술과 술자리에서 만날 사람에 대한 교감을 높이는 계기가 되기를 바랍니다. 독자 여러분도 직접 다양한 전통주를 맛보고 그 매력을 느끼는 여정에서, 이 책이 작은 동반자가 되기를 희망하며...

목차

Part 3 우리술을 더 즐겁게

Part 1

우리술의 이해

우리술의 의미와 역사

한국어학회 학회장을 역임했던 천소영 교수에 따르면, 술은 물 속에 불이 있다는 의미로 수불이라는 말이 수을 → 수울 → 술로 변천*되었다고 합니다. 술을 발효시키는 과정에서 자연 탄산이 발생하는데, 술덧 항아리 속에서 부글부글 탄산이 끓는 모습을 보고, 물 속에 불이 있다고 생각한 것이죠. 사실 이런 단어는 우리나라에만 있는 건 아닙니다. 누룩 속에 들어 있는 효모는 영어로 이스트(Yeast)인데요. 이스트의 라틴어 어원인 기스트(Gyst)도 끓는다는 뜻을 갖고 있고, 발효라는 뜻의 퍼멘테이션(Fermentation) 역시 어원은 열이 난다는 뜻의 피버(Fever)입니다. 인류가 수렵 채집을 시작할 때부터 공기 중에 있던 효모나 미생물이 떨어진 포도나 각종 과실의 껍질 표면에 자연 발효를 일으켜 자연 발효주가 생겨났습니다. 이를 맛본 인류는 자연적으로 발생하는 발효과정 속에서 끓고 열이 나는 현상을 술의 어원으로 삼았습니다.

---

* 천소영, 『한국어와 한국문화』, 우리책, 2005. 116쪽 참조.

전 세계 곳곳에 과일이나 곡물처럼 당분과 수분이 있는 곳이라면 인류의 역사와 함께 술의 역사도 함께했습니다. 각 나라마다 그 나라를 대표하는 술이 있습니다. 미국의 버번 위스키, 독일의 맥주, 이탈리아와 프랑스의 와인, 멕시코의 데킬라와 메스칼, 러시아의 보드카, 중국의 백주, 가까운 일본은 사케가 떠오르죠.

각 나라의 대표 술

문득 우리나라를 대표하는 술은 무엇일지 궁금해집니다.

2023년 기준 e-나라지표의 우리나라의 주류 출고량[**]을 살펴보니 가장 많이 출고된 술은 맥주(168만 7,000kL)였고, 그다음으로 소주(84만 9,000kL), 마지막은 탁약주(34만 7,000kL)가 뒤따르고 있습니다. 가장 많이 마시는 맥주는 독일의 술이니, 혹시 그다음으로 가장 많이 마

[**] 2023년 주류 출고량 현황: https://www.index.go.kr/unity/potal/main/EachDtlPageDetail.do?idx_cd=2824.

시는 소주가 우리나라를 대표하는 술은 아닐까요?

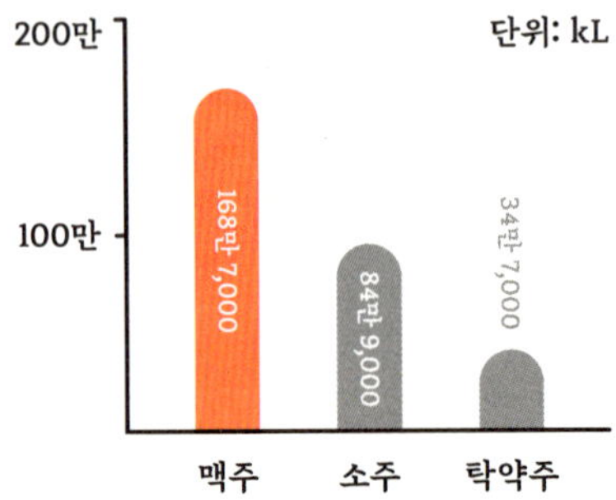

우리가 시중에서 보는 소주는 우리나라 전통 증류식 소주와는 다릅니다. 증류식 소주는 발효주인 탁주, 약주를 소줏고리에 끓여서 증류시킨 술이지만, 희석식 소주는 연속식 증류기를 통해 정제한 주정(酒精)이라는 에틸알코올을 물에 섞어 만든 희석식 소주로 일제강점기와 전후 식량난 속에서 탄생한 산업형 술입니다.

희석식 소주의 시작은 일제강점기입니다. 1910년 일본에서 영국의 연속식 증류기를 도입해 85% 이상의 에틸알코올을 이용한 희석식 소주(일명 '하이까라 소주')를 생산합니다. 이후 1965년 우리나라 정부의 양곡 관리 정책에 따라 쌀을 사용한 증류식 소주의 제조가 금지되면서, 타피오카나 당밀을 원재료로 하는 주정을 물에 탄 희석식 소주가 대중화되었고 현재까지 이어지고 있습니다.

주정의 원료 대부분이 수입 재료이고, 제조법 또한 일제 시기에 유럽의 증류 방식을 도입한 일본의 제조법을 차용한 것이기에, 이 술을 한국의 대표술이라 부르기는 역사적, 기술적 연속성이 부족해 보입니다.

우리나라 최초 술에 대한 기록은 고려 중기 1145년에 편찬된 『삼국사기』에 등장하며, 고려 후기 문신 이규보가 지은 『동국이상국집』에도 우리술에 대한 삼국시대의 기록이 등장합니다. 천신의 아들인 해모수가 강의 신 하백의 딸 유화를 술로 유혹해 주몽을 낳았다는 고구려 건국신화가 바로 그것입니다. 이처럼 우리술은 1909년 주세법이 제정되며 자가 양조가 통제되었던 일제시대를 제외한다면 삼국시대, 고려시대, 조선시대를 거치며 다양한 종류와 제조 방식, 독특한 맛과 향으로 면면히 이어져 왔습니다.

고려시대부터 기록된 우리술의 역사

집집마다 장맛이 달랐듯 가양주를 근간으로 하는 우리술의 종류도 매우 다양합니다. 가장 원초적인 술인 막걸리는 쌀과 물, 누룩을 이용해 발효시킨 술로, 우리나라의 농업 역사와 함께 발전해 왔지요. 예를 들어, 배꽃이 피는 계절에 담는 떠먹는 막걸리 이화주(梨花酒)*, 청주와

---

* 배꽃이 피는 계절에 담는다고 하여 붙여진 이름의 전통탁주로, 쌀누룩(이화곡)을 사용하여 만드는 떠먹는 막걸리.

      우리술의 의미와 역사

막걸리를 혼합한 백주(白酒)*와 합주(合酒)** 등은 모두 각기 다른 맛과 향을 가진 막걸리입니다.

또한, 우리나라 사람들은 계절과 지역별 재료에 따라 다양한 술을 빚었습니다. 봄에는 진달래꽃으로 만든 두견주(杜鵑酒), 여름에는 여름을 건넌다는 의미의 과하주(過夏酒), 가을에는 국화를 함께 넣어 만든 국화주(菊花酒), 겨울에는 정월(음력 1월)의 첫 해일(亥日)마다 세 번에 걸쳐 빚어 먹는다고 알려진 삼해주(三亥酒) 등 자연과 계절의 변화를 담은 술이 전통적으로 만들어졌습니다.

청주나 약주, 증류식 소주의 시작점이 발효주 막걸리이니, 가장 원초적인 우리술 막걸리가 다양한 우리나라의 술을 대표하는 술이 아닐까 하는 생각이 듭니다. 하지만 막걸리도 빚는 횟수에 따라 일반적으로 단양주(單釀酒)부터 오양주(五釀酒)까지 다섯 단계로 구분되며, 특히, 우리술을 빚는 방법 중 보편적이라 할 수 있는 이양주(二釀酒)만 하더라도 감향주, 석탄주, 벽향주, 녹파주, 두강주, 백화주, 도화주, 십일주, 신선주, 칠선주 등 백여 가지가 넘는 다양한 술이 존재합니다. 막걸리 종류를 알게 되면 단순하게 막걸리가 우리나라 대표술이라 주장하기엔 조금 조심스러워집니다.

우리술은 알면 알수록 딱 하나를 꼬집어 이야기하기 어렵습니다. 마치 열 손가락 깨물어 안 아픈 손가락이 없는 것처럼 말이죠. 그래도 하나하나 알아 가다 보면 애착이 가는 우리술이 하나씩 생기기 마련입니다.

---

* 서울 지방에서 빚어지는 탁주의 한 종류로 빛깔이 희어서 붙여진 이름이며, 가루누룩(분국)을 사용하여 일반 탁주보다 정제된 제조법으로 만듦.

** 조선시대 상류층에서 인기 있었던 술로 청주와 탁주를 합친 전통주.

여러분이 다양한 우리술의 세계에서 자신만의 취향과 선호를 반영한 술을 발견할 수 있도록 Part 1. 우리술의 이해에서는 우리술을 이해할 수 있는 기본적인 내용을 담았습니다. 우리술 구분법, 우리술을 구성하는 주요 원료, 제조 방법 및 공정, 마시는 법과 온도, 맛있게 마시는 방법 등의 내용을 수록하여, 어떤 종류의 우리술을 맛보시더라도 이 술이 어떤 종류인지, 어떻게 만들어졌는지, 어떤 온도와 어떤 잔으로 마시면 더 좋은지 이해할 수 있도록 했습니다.

Part 1을 읽은 분들이라면 앞으로 발견하시게 될 다양한 우리술의 갈림길에서 묘하게 마음이 끌리는 우리술이 무엇인지, 여러분의 취향은 무엇인지를 찾아볼 수 있는 안경을 갖게 되시리라 생각합니다. 독자분들께서 다양한 우리술에서 자신만의 취향을 발견할 수 있도록 가장 기본적인 우리술의 기초 상식으로 함께 들어가 보시죠.

    우리술의 의미와 역사

우리술 구분법

점심시간, 서울 종로의 붐비는 곰탕집을 가면 점심시간에만 무료로 제공되는 '동동주'를 볼 수 있습니다. 그런데, 술의 색이나 냄새는 영락없는 막걸리 같습니다. 동동주는 막걸리와 형제지간인 걸까요?

동동주와 막걸리[*]

일반적으로 우리술은 탁주, 약주, 소주로 분류됩니다. 그리고 동동주와 막걸리는 탁주에 속하지요. 비슷해 보여서인지 많은 음식점에서 '동동주'를 판매한다고 하지만, 실제로는 막걸리가 나오는 경우가 많습니다. 음식점을 포함해 많은 분이 동동주와 막걸리를 혼동하시는데, 두 술은 다릅니다. 동동주는 이강주, 삼해주, 소곡주와 같은 술 자체의 이름입니다. 막걸리는 발효해서 만들어진 술을 걸러서 마시는 제조 방식

---

[*] 국가기록원, 한국민족문화대백과사전 참조.

이 술의 이름이 된 경우입니다. 동동주는 체에 막 거르지 않기 때문에 막걸리라고 볼 수 없어요.

에스프레소는 원액 그대로를 마시지만, 아메리카노는 물을 섞어서 연하게 만들어 마시잖아요. 마찬가지로 동동주는 쌀을 발효시킨 발효주 원액의 상태이고, 막걸리는 그런 술을 체에 걸러 물을 섞어서 마시는 술입니다. 그래서 동동주를 막걸리라고 생각하시는 분들이 많은데, 동동주는 약주나 청주에 더 가깝습니다.

뜻으로만 보자면 동동주는 밥알이 동동 떠 있는 술입니다. 우리나라 조선 후기의 백과사전인 『증보산림경제』에 '부의주법'이라고 하여 만드는 방식이 수록되어 있는데요. 부의주(浮蟻酒)라고 부르는 이유는, 밥알이 떠 있는 모양이 마치 개미가 술 위에 떠 있는 것처럼 보이기 때문입니다. 동동주는 막걸리처럼 체에 걸러 물을 첨가하여 알코올 도수를 조정하지 않아서 막걸리보다 도수가 15도 내외로 높은 편입니다.

동동주

반면, 막걸리는 삼국시대 오랜 옛날부터 선조들이 즐겨온 술입니다. 문헌상으로는 『삼국사기』에 막걸리를 미온주(美溫酒)로 소개한 기록이 있고 19

세기 조선 후기 이만영이 집필한 백과사전 『광재물보』에는 '탁주'의 대응
어로 '막걸니'라는 한글 표기가 등장합니다. 쌀과 물, 누룩을 사용해 술을
발효시키고 술밑을 체로 받아 버무려 걸러 물을 섞은 술을 막걸리라고 합
니다. 이름 그대로 막 걸러 낸 술이라는 뜻을 가지고 있으며, 체에 삭은 쌀
이 부서지면서 술과 지게미가 섞인 걸쭉한 상태로 섭취합니다. 막걸리는 발
효 과정에서 탄산이 발생하여 상쾌한 맛을 내며, 알코올 도수는 일반적으
로 원주에 물을 섞기 때문에 6~7도 정도로 낮습니다.

막걸리

만약 술을 보았는데, 술 표면에 쌀알이 떠 있다면 동동주[*], 그렇지 않
다면 막걸리입니다.

약주와 청주[**]

현재 약주와 청주를 쉽게 구분하는 기준은 원재료와 누룩 함유량입니
다. 약주는 꼭 쌀이 아니어도 녹말이 포함된 재료에 누룩이 쌀 함유량

---

[*]   과거 양곡관리법 시기에는 쌀로 빚은 탁주를 동동주, 밀·보리 등으로 빚은 탁주를 막걸리
     로 부르던 관행이 있었음.

[**] 농림축산식품부, 『탁약주개론』, 진한엠앤비, 2014. 177쪽 참조.

대비 1% 이상 포함되어 발효시킨 술이고, 청주는 쌀을 주재료로 하고 쌀입국으로 발효시켜 누룩 함유량이 1% 미만인 술을 의미합니다.

원래 우리나라 청주(淸酒)는 맑은 술을 의미하는 것으로, 흐린 술인 탁주와 구분되는 개념이었습니다. 그런데 조선 시대 들어 금주령이 시행될 때, 질병을 치료하는 약용주만 예외적으로 허용되다 보니, 청주를 약주라 부르며 마시거나 청주에 한방 재료를 첨가한 술을 통칭하여 약주라고 부르게 되었습니다. 이후 일본식 주세법이 도입되면서, 우리나라 전통 청주는 약주로 분류되었고, 원래 우리가 맑은 술이라 불렀던 청주라는 명칭은 전통 청주가 아닌 일본의 사케를 의미하게 되었습니다. 이에 따라 현재도 누룩이 쌀의 중량을 기준으로 1% 이상 함유되면 약주로 구분합니다. 사실상 누룩으로 빚는 우리술은 대부분 약주에 포함되고 있습니다.

약주와 청주

참고로 약주라는 이름의 어원을 『임원경제지』라는 문헌에서 찾는 경우도 있습니다. 조선 시대 학자인 서유구(徐有榘)는 이 책에서, 서충숙공의 집이 약현에 있어 그 집에서 빚은 청주를 약산춘이라 불렀다고 기록했습니다. 이 이름이 줄어들어 오늘날의 약주라는 명칭이 시작되었다고 합니다. 하지만 이때의 약주도 본래는 전통 청주를 의미합니다.

발효주, 증류주, 혼성주

우리술은 제조 과정에 따라서 발효주, 증류주, 혼성주로 구분할 수도 있습니다.

발효주는 기본적으로 발효 과정을 통해 알코올을 생성하는 술을 의미합니다. 막걸리, 약주 모두 발효주의 한 종류입니다.

발효주

증류주는 발효된 술을 증류하여 알코올 농도를 높인 술입니다. 전통 소주가 대표적인 예입니다. 발효주를 먼저 만들고, 발효주를 증류시켜 순도 높은 알코올을 얻습니다. 알코올 도수는 일반적으로 25도 이상으로 강한 편입니다. 다만 시중에서 흔히 볼 수 있는 초록색 병의 소주는 앞서 살펴본 바와 같이 증류식 소주가 아니라, 희석식 소주입니다.

증류주

혼성주는 일반적으로 발효주와 증류주를 혼합하여 만든 술입니다. 흔히 리큐르라고도 불리며, 다양한 과일이나 약재 등을 첨가하여 풍미를 더한 술입니다.

혼성주

전통주와 우리술

우리가 상식적으로 생각하는 전통주와, 법(주세법 및 전통주진흥법)을 기준으로 구분하는 전통주가 다소 다릅니다. 현행법상 전통주는 민속주 또는 지역특산주로 구분됩니다. 민속주는 무형유산 보유자 또는 식품명인이 제조하는 술이고, 지역특산주는 농업인, 농업경영체가 직접 생산하거나 재배한 농산물을 주원료로 만든 술입니다. 때문에 여러분이 마트에서 구입하는 막걸리도 민속주, 지역특산주의 범위에 들어가지 않으면 전통주로 인정받지 못합니다.

반면 우리술의 정의는 전통주의 범주를 포괄합니다. 우리나라의 전통적 양조법으로 빚어진 술을 의미해요. 그래서 이 책에서는 법적 의미의 전통주를 포함하여, 역사와 문화가 깃든 우리술을 주제로 하고 있습니다.

앞으로 우리술을 드시게 된다면, 술병 뒷면의 라벨지 상세 정보를 살펴보세요. 이제는 보다 정확히 구분하여 주문하고 즐기실 수 있을 것입니다. 음식점 메뉴판에 적힌 '동동주'가 진짜 동동주인지, 아니면 막걸리인지 술 표면의 쌀알 유무로 확인해 보세요. 나태주 시인의 말처럼 자세히 보아야 예쁘고, 오래 보아야 사랑스럽지요. 알고 먹으면 더 애착이 가는 우리술입니다.

우리술의 주요 원료

우리술을 만드는 네 가지 보물

막걸리 한 잔을 마실 때마다 문득 이런 생각이 듭니다. 분명 쌀로 만든 술인데 쌀밥에서는 느낄 수 없는 '이 달콤하고 시원한 맛은 도대체 어떻게 발현되는 걸까?' 그리고, 마시기 전 코끝으로 느껴지는 향 속에는 참외나 사과, 배 같은 과일 향이 불쑥 다가오기도 합니다.

이 싱그러운 향과 맛은 단순히 쌀에서 비롯된 것이 아닙니다. 바로 쌀 속 전분을 당으로 바꾸는 누룩의 효소 작용, 그리고 그 당을 알코올과 향기로 바꾸는 효모의 발효 과정에서 비롯됩니다. 이 과정에서 효모가 알코올과 지방산을 결합시키며 에스테르(Ester)라는 향기 성분을 만들어 내는데요. 이 화합물이 막걸리 특유의 배, 참외, 바나나 같은 독특한 향을 자아냅니다.

우리술은 기본적으로 쌀과 누룩이 주재료이지만, 일반적으로 네 가지 재료로 만들어집니다. 쌀, 누룩, 물, 그리고 지역에서 생산되는 과일까지도 우리술을 만드는 네 가지 보물입니다.

쌀이 문을 열면

모든 이야기는 쌀에서 시작됩니다. 우리술의 주요 원료인 쌀, 그 안에 포함된 70% 이상의 전분이 마치 누룩의 연극 무대 같은 역할을 합니다. 이론적으로 쌀 1kg은 순수 전분량이 약 750g이고, 이를 포도당 850g으로 변환하면 약 450mL의 알코올을 생성할 수 있어요. 누룩이 알코올을 생성할 수 있는 기본 재료를 제공하는 거죠.

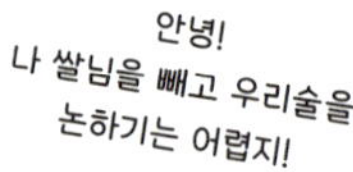

하지만 모든 쌀이 같은 맛을 내는 건 아닙니다. 멥쌀을 쓰느냐 찹쌀을 쓰느냐에 따라서도 맛의 방향이 크게 달라져요. 멥쌀의 전분은 단단한 구조의 아밀로스가 약 20%, 쫀득한 구조의 아밀로펙틴이 약 80%로 구성됩니다. 반면 찹쌀은 약 95%의 쫀득한 아밀로펙틴으로 구성되는데요. 이 두 가지 전분 구조의 차이점이 술의 특성을 좌우합니다.

아밀로스는 단단한 성질이 있는 전분이에요. 물에 잘 풀리지 않기 때문에 당화가 천천히 일어나죠. 반면 찹쌀에 많이 함유된 아밀로펙틴은 물에 잘 풀리고 점성이 강한데요. 그래서 찹쌀은 찰기가 있지만, 전분이 물에 잘 풀려서 당화가 쉽게 일어나고, 단맛이 강한 술이 됩니다. 결국 멥쌀은 깔끔하고 시원한 맛의 술이 나오고, 찹쌀은 빠르게 익으면서 달콤하고 진득한 맛을 만들어 내지요.

누룩이 잠들어 있던 쌀을 깨우다

쌀은 술의 주요 재료이지만, 쌀만으로는 술이 완성되지 않습니다. 쌀의 전분을 포도당으로 바꾸어야 하고, 이 포도당을 다시 알코올로 바꾸어야 하거든요. 바로 이때 누룩이 등장합니다.

누룩은 정말 신기한 재료입니다. 겉보기에는 그냥 누런 떡 덩어리 같은데, 그 안에는 수십 종의 미생물들이 공존하며 살고 있어요. 크게 곰팡이류, 효모류, 세균류로 군집을 이루는데요. 이들은 마치 한 마을의 주민들처럼 각자의 역할을 수행합니다.

　　　우리술의 주요 원료

가장 먼저 무대에 오르는 건 거미줄곰팡이나 황국균, 흑국균과 같은 누룩곰팡이입니다. 이들은 전분과 단백질을 분해하는 효소를 생산해 내며, 딱딱한 전분은 달콤한 당분으로, 복잡한 단백질은 감칠맛의 원천인 글루탐산 같은 아미노산으로 바꿔 놓습니다.

누룩곰팡이들이 기초 작업을 마치면 이제 효모가 등장할 차례입니다. 효모는 앞서 만들어진 당분을 알코올과 이산화탄소로 변환시키는데, 바로 이 과정에서 다양한 에스테르 화합물들이 생성되며 술 특유의 향기와 풍미가 피어납니다. 파인애플이나 사과 같은 상큼한 과일 향은 에틸헥사노에이트라는 성분 덕분이고, 달콤한 바나나나 멜론 향은 이소아밀아세테이트가, 딸기 향은 에틸부티레이트가, 그리고 장미나 꽃, 꿀의 우아한 향은 페닐에틸아세테이트라는 에스테르 화합물이 선사하는 것입니다.

마지막 주자는 유산균입니다. 젖산균이라고도 불리는 이 미생물은 적절한 산미를 더해 주면서 동시에 잡균들의 침입을 막는 파수꾼의 역할도 해냅니다. 덕분에 전체적인 맛의 균형이 잡히고 깊이 있는 풍미가 완성되는 거죠.

물이 모든 것을 하나로 연결하다

쌀과 누룩 속 미생물들이 만나서 한창 변화를 일으키고 있을 때, 물은 조용히 미생물과 효소가 작용하는 데 필수적인 환경을 제공합니다.

발효 과정에서 효소의 작용이나 미생물의 생존을 위해서는 충분한 수분이 필요하거든요. 하지만 물의 양이 너무 많으면 술의 당도와 향미가 희석되어 쓴맛이 나기 때문에 보통 물의 양은 고두밥과 누룩의 양과 거의 동일하게 또는 적게 사용합니다. 좋은 물이 있어야 쌀의 전분이 제대로 용해되고, 누룩 속 미생물들이 활발하게 활동할 수 있어요. 특히 물속 칼슘과 마그네슘은 발효 촉진 성분으로 작용하기도 합니다.

네 재료의 리더, 물

우리나라는 축복받은 땅입니다. 지질학적으로 오래된 화강암 지대가 많고 화강암은 단단하고 잘 녹지 않는 암석이라 대부분이 광물 용출이 거의 없는 연수 지역이기 때문이지요. 연수는 칼슘이나 마그네슘 같은 미네랄 함량이 낮아서 발효할 때 잡맛이 생기지 않고 부드럽고 깔끔합니다. 반면 경수로 빚은 술은 발효가 빠르고 풍미가 진하지만, 때때로 거칠고 쌉싸름한 맛이 남기도 합니다.

과일로 개성을 입히다

과일은 과일 자체를 주원료로 발효하는 과실주가 아니라면 보통은 우리술에 향과 개성을 더하기 위한 목적으로 활용되는데요. 일반적으로 5% 정도밖에 안 들어가지만, 술의 인상을 크게 좌우합니다.

각양각색의 개성을 지닌 과일

매실을 넣으면 시원하고 상큼한 맛이 되고, 복분자를 넣으면 진한 보라색과 함께 달콤함이 더해집니다. 오미자는 다섯 가지 맛을 모두 가져서 복합적인 풍미를 만들어 내고, 감귤은 상큼한 시트러스 향을 선사하죠.

요즘에는 딸기, 블루베리, 복숭아 같은 현대적인 과일들도 많이 쓰여요. 처음에는 '이런 것도 우리술이야?'라고 생각했는데, 어쩌면 이것도 우리술을 만드는 전통적 방식의 연장선이지 않을까 생각하게 되었습니다. 예전부터 우리 조상들은 계절과 지역의 특산물을 술에 넣어서 다양한 맛을 만들어 왔거든요.

네 재료가 만들어 내는 하모니

결국 한 잔의 우리술은 이 네 재료들의 완벽한 협력 작품입니다. 쌀이 기본 무대를 만들면, 누룩이 변화의 에너지를 불어넣고, 물이 모든 것을 부드럽게 연결하고, 과일이 마지막에 특별한 개성을 더해 주는 거죠.

네 재료의 하모니

신기한 건 이 과정이 저절로 일어난다는 겁니다. 술을 직접 빚어 보면 꼭 사람이 일일이 조율하지 않아도 재료들이 스스로 과정을 수행하는 느낌을 받게 됩니다. 그저 온도와 청결, 시간만 지켜 주고 기다리면, 알아서 한 잔의 술이 탄생하는 것 같아요. 마치 봄이 되면 꽃이 피고, 가을이 되면 단풍이 드는 것처럼 자연스럽게 말이에요.

그래서 같은 재료로 만들어도 양조장마다, 계절마다, 심지어는 날씨에 따라서도 맛이 조금씩 달라집니다. 저는 이게 우리술의 매력이라 생각합니다. 공장에서 찍어 낸 것처럼 똑같은 맛이 아니라, 살아 있는 술인 거죠.

우리술 제조 공정

까다로운 쌀과 누룩 선별의 세계

우리술 만들기는 기본 재료인 쌀과 누룩을 고르는 것부터 시작됩니다. 쌀은 멥쌀을 쓸지, 찹쌀을 쓸지에 따라 술맛이 달라지기 때문에 용도와 원하는 풍미에 맞게 선택하는 것이 중요합니다. 누룩 역시 송학곡자, 진주곡자, 금정산성 누룩처럼 지역마다 특색 있는 전통 누룩 중에서 어떤 것을 고르느냐에 따라 술의 향과 개성이 달라지지요.

당화가 빠르고, 달콤한 술 향과 과일 향을 내는 찹쌀은 이화주나 찹쌀 막걸리를 만들 때 사용합니다. 반면, 당화 속도는 느리지만 발효가 안정적인 멥쌀은 청주, 순향주와 같이 맑고 깔끔한 맛이 중요한 술에 주로 사용되지요. 한편, 하향주나 삼해주처럼 멥쌀과 찹쌀을 단계별로 사용하는 경우도 있습니다. 밑술은 멥쌀가루로 만들고, 덧술은 찹쌀을 사용해서 충차적인 발효를 통해 균형 잡힌 맛을 구현하는 거죠.

쌀을 골랐다면 이제는 누룩 차례입니다. 우리나라에는 지역마다 뚜렷한 개성을 가진 전통 누룩들이 있는데요. 전라남도 광주의 송학곡자는 밀을 주원료로 하여 깔끔한 곡물 향과 균형 잡힌 단맛·신맛·감칠맛을 냅니다. 경상남도 진주의 진주곡자는 쌀, 밀, 보리 등을 함께 써서 누룩의 구수한 곡 향이 인상적이고 부드럽고 달콤한 향을 냅니다. 장수막걸리로 유명한 서울탁주에서도 진주곡자를 쓴다고 알려져 있지요. 마지막으로 부산 금정산성에서 이어 온 금정산성 누룩은 발로 밟아 띄우는 전통 방식으로 만듭니다. 강한 산미와 복합적인 깊이를 지녀 '술꾼들의 술'이라 불릴 정도로 개성 있는 풍미를 내지요.

쌀의 목욕 시간, 침지와 세척

선별된 쌀은 이제 깨끗하게 씻고 물에 담가 놓습니다. 맑은 물이 나올 때까지 여러 번 세척하고, 겨울에는 물의 온도가 낮아 쌀의 수분 흡수가 느리므로 8~12시간, 여름에는 물 온도가 높아 4~6시간 정도 침지합니다. 전통적으로는 '백세(百洗)'라고 하여 백 번이나 세척했다고 하

 우리술 제조 공정

는데요. 정확히 백 번을 씻는다기보다 그만큼 많이 씻어서 쌀 표면의 단백질, 지방 등 술맛을 떨어뜨리는 성분을 제거하는 겁니다.

침지와 세척

흥미로운 건 계절에 따라 침지 시간을 잘 맞추어야 한다는 건데요. 침지 시간이 너무 길면 효모의 영양분이 될 수 있는 미네랄까지 모두 물에 녹아 버려 발효가 잘 안 일어날 수 있기 때문입니다. 계절에 따라 침지 시간을 조절하는 조상들의 지혜가 과학적으로 근거 있는 사실이라는 게 재미있지 않나요?

증자, 쌀의 완전한 변신

침지된 쌀은 시루(또는 찜기)에서 30~40분간 강한 수증기로 찝니다. 이 과정에서 쌀의 전분은 고슬고슬하게 호화°되어 누룩균과 효모가 먹기 좋은 형태로 바뀝니다. 이 상태를 고두밥이라고 합니다. 제대로 쪄진 고두밥은 투명하고 윤기가 나면서도 약간 탄력이 있어 손으로 꾹

° 전분 입자가 물과 열을 받아 점성이 있는 상태로 구조가 변하는 과정.

누르면 으깨지지만 끈적이지는 않는 절묘한 상태가 됩니다. 이 정도 질감이 있어야 누룩균과 효모가 알갱이 표면에 붙어 효소를 분비하고 발효가 고르게 일어납니다.

만약 일반적으로 쌀밥을 짓듯이 찰지고 질척한 밥으로 술을 빚으면, 조직이 무너져 있기 때문에 효모와 곰팡이가 알갱이 사이를 자유롭게 이동하기 어렵고 발효가 고르게 일어나지 않습니다. 그래서 고두밥의 절묘한 수분과 조직의 균형이 필요한 것이지요.

증자

고두밥은 전통주 발효에 최적화된 쌀의 물리적 상태를 만들어 과도한 발효나 잡균 번식을 막고, 안정적이며 예측 가능한 발효를 가능하게 합니다.

저도 예전에는 왜 굳이 불편하게 쌀을 쪄서 술을 빚는지 궁금했는데요. 알고 보니 발효를 고르게 하려는 조상들의 지혜였다는 것을 깨닫고 무릎을 탁 치게 되었답니다.

누룩, 우리술의 마법사

우리술 제조에서 가장 신기한 건 누룩입니다. 밀가루나 쌀가루 반죽
에 자연의 미생물을 접종해서 만드는 이 작은 덩어리가 바로 우리술의
핵심이지요.

누룩 안에는 당화효소를 만드는 곰팡이와 알코올을 만드는 효모가
함께 살고 있는데요. 우수한 누룩은 강한 단 냄새와 함께 하얀 곰팡이
균사가 전체적으로 균일하게 분포되어 있고, 딱딱하면서도 부스러지
지 않는 적절한 경도를 가진다고 합니다.

맛에 따른 누룩의 양

수증기로 찐 고두밥을 손등에 댔을 때 차갑다 싶을 정도로 식으면, 고
두밥과 거의 동일한 양의 물을 붓습니다. 물론 물의 양은 기호에 따라
조절할 수 있는데요. 물이 적을수록 당도와 바디감이 진해지고, 물이
많을수록 깔끔하고 목 넘김이 가벼워집니다. 이때, 고두밥, 물과 함께
쌀(원료) 무게의 15~25% 정도의 누룩을 섞어 줍니다. 보통 산뜻한 맛
을 원할 때 15% 정도의 누룩을 넣고, 진한 단맛을 원할 때는 25% 정도
의 누룩을 넣습니다.

이때 누룩이 너무 건조하면 고두밥과 잘 섞이지 않기 때문에 미리 누룩 무게의 20~30% 성도의 물을 골고루 뿌려 적절한 습도를 맞추기도 합니다. 누룩에 가수(加水)를 하면 미생물이 활성화되고 누룩이 고두밥과 접촉했을 때 바로 효소 분비가 시작되도록 돕습니다.

밑술, 첫 번째 발효의 마법

고두밥에 누룩을 넣고 시작되는 첫 번째 발효는 향긋한 과정입니다. 발효조를 깨끗이 살균하고 24~26℃ 온도*만 유지해 주면, 이틀째부터 고소하고 달콤한 냄새가 퍼지기 시작합니다. 사흘째에는 왜 술이 '수불'이라는 어원을 갖게 되었는지 이해할 수 있어요. 말 그대로 물(水) 속에서 불이 끓듯이 부글부글 거품이 올라오거든요.

1차 발효

이는 누룩의 곰팡이가 전분을 당분으로 분해하고, 동시에 효모가 그 당분을 알코올로 바꾸는 '병행복발효'가 시작되기 때문입니다. 서양의 맥주나 와인과 달리 우리술은 당화와 발효가 동시에 일어나는 게 특

• 밑술 발효의 온도는 20~28℃로 유지해야 하며 겨울철에 밑술실 온도가 20℃ 이하로 떨어지면 밑술 발효가 지연됩니다. 24~26℃는 효모의 활력이 가장 좋은 효모발육적온입니다.

징입니다. 이게 바로 누룩이라는 복합 발효제가 있기 때문에 가능한 일이지요. 7~10일 동안 이런 과정을 거쳐 알코올 도수 6~12도의 밑술이 완성됩니다.

덧술과 2차 발효, 깊이를 더하다

1차 발효까지만 진행해도 술을 빚을 수 있습니다. 이렇게 만든 술을 단양주라고 하죠. 발효 기간이 짧고 탄산이 있어 청량감 있는 막걸리를 맛볼 수 있습니다. 하지만 더욱 깊은 향과 높은 도수를 원할 경우, 추가 발효 과정을 거쳐 이양주나 삼양주로 발전시키기도 합니다.

2차 발효

이때 진행하는 것이 바로 덧술입니다. 1차 발효가 끝난 후, 밑술의 2~3배에 해당하는 고두밥과 물을 추가해 효모를 다시 증식시키고, 새로운 당원을 보충하는 단계죠. 덧술은 술맛을 풍부하게 하고 발효를 안정적으로 이어 가기 위해 중요한 과정입니다.

2차 발효는 비교적 낮은 20~25℃의 온도에서 2~3주간 이루어지며, 이때 알코올 도수는 12도에서 18도까지 상승합니다. 시간이 흐를수록, 술은 점점 더 깊은 풍미와 향을 머금으며 우리술 특유의 개성을 완성해 갑니다.

술잔 속에 담긴 무수한 시간들

술이 어느 정도 익었다면, 술덧*을 거름 주머니나 촘촘한 삼베 포로 짜내거나, 술덧을 장시간 침전시켜 위의 상청액**만 천천히 따라 맛을 봅니다. 이제 막걸리 한 모금을 마실 때마다 쌀 한 알이 어떤 과정을 거쳐 이 맛이 되었는지 상상하게 됩니다. 누룩 속 작은 곰팡이들이 열심히 일하는 모습, 발효 중에 톡톡 올라오는 기포들, 정성스럽게 여과하는 과정까지.

술잔 속에 담긴 무수한 시간들

- 발효 중인 술 반죽으로 고형물과 액체가 함께 섞여 있는 상태.
- 발효 과정에서 고형물은 가라앉고 맑게 남은 위의 액체층.

 우리술 제조 공정

우리술은 단순한 알코올 음료가 아니라, 자연과 인간이 함께 만들어 낸 하나의 예술 작품인 것 같습니다. 그리고 그 예술 작품을 우리가 일상에서 쉽게 만날 수 있다는 게 정말 감사한 일이죠.

보통 우리는 집에서 직접 김치를 담그고 된장을 띄우는 문화는 익숙하게 여기면서도, 술만큼은 유독 양조장이나 장인의 영역이라 여깁니다. 그러나 우리술의 재료는 생각보다 구하기도 쉽고, 술을 빚는 일 역시 밥을 짓고, 김치를 익혀 먹는 우리의 식문화와 멀지 않아요. 시작이 어려울 뿐 집에서 술을 빚는 일은 특별한 기술이나 거창한 도구가 필요하지도 않습니다. 직접 담근 술덧의 뚜껑을 열어 향을 맡고, 보글거리는 모습을 보시면, 분명 '살아 있다'는 감각을 체감하시게 될 거예요. '내 손으로 빚은 술은 어떤 맛일까?' 이 질문에 답하기 위해 직접 우리술을 빚어 보는 경험은, 생각보다 쉬우면서도 경이로운 느낌을 줄 겁니다.

우리술 마시는 법과 온도

온도가 만드는 마법, 같은 술 다른 맛

지난겨울, 우리술 대축제에서 제가 좋아하는 양조장의 약주 한 병을 집으로 가져왔습니다. 먼저 냉장고에서 갓 꺼낸 차가운 약주를 작은 잔에 따라 마셨습니다. 입안 가득 퍼지는 깔끔하고 시원한 맛 뒤로 은은한 단맛이 이어졌지요. 겨울이었지만, 오히려 그 청량한 맛이 계절과 잘 어울린다 생각하며 한 잔을 비웠습니다.

그런데 몇 시간 후, 같은 술이 실온에 놓여 미지근해진 상태에서 다시 한 잔 따라 마셨을 때의 일입니다. 분명 같은 술인데 전혀 다른 맛이었어요. 차가울 때는 숨어 있던 복합적인 향이 코끝으로 올라왔습니다. 단맛은 더욱 진해졌고, 뒷맛의 여운도 길어졌습니다. '아, 온도가 이렇게 중요한 거구나' 하는 깨달음이 왔지요.

이날의 경험으로 저는 우리술에서 온도가 얼마나 중요한 역할을 하는 지 알게 되었습니다. 같은 술이라도 온도에 따라 완전히 다른 개성을 보여주니까요.

온도가 만드는 맛의 변화, 과학적 근거

우리술의 맛은 단맛, 신맛, 쓴맛, 짠맛, 매운맛이라는 기본적인 오미(五 味)에 떫은맛, 구수한 맛, 청량한 맛 등의 다양한 맛이 존재합니다. 흥 미로운 건 이 맛들이 온도에 따라 다르게 느껴진다는 점이에요.

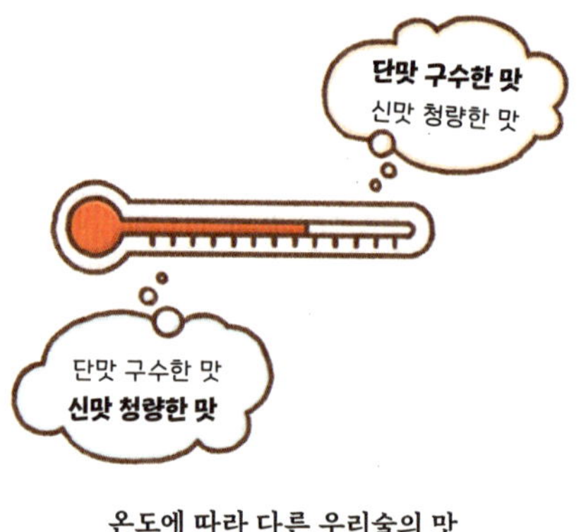

온도에 따라 다른 우리술의 맛

온도가 낮아질수록 우리 혀의 당 수용체 활성도가 떨어져서 단맛과 구수한 맛은 덜 느끼게 되고, 신맛과 청량한 맛은 상대적으로 더 선명 하게 느껴지게 됩니다. 또한 차가운 온도에서는 기화율이 낮아져서 알 코올의 코를 찌르는 자극성도 낮아지죠. 이런 원리를 이해하면 내가

원하는 맛의 방향에 따라 온도를 조절할 수 있어요. 가벼운 맛을 원한다면 차게, 묵직한 맛을 원한다면 덜 차게 마시면 되는 거죠.

조선시대 선조들의 지혜

조선시대 문헌 『규합총서』에는 "술 먹기는 겨울같이 하라"는 말이 있습니다. 술을 차갑게 마시라는 뜻으로, 우리 선조들도 온도의 중요성을 알고 있었던 거죠. 실제로 우리술을 제대로 즐기기 위해서는 온도가 매우 중요합니다. 일반적으로 전통약주는 섭씨 6℃에서 15℃ 사이에서 마시는 것이 좋으며, 가벼운 맛을 선호하는 사람은 가능한 차게 해서, 다소 무겁고 복잡한 맛을 좋아하는 사람은 15℃ 부근으로 마시면 좋습니다.

차갑게 마시는 우리술

하지만 흥미롭게도 전통적으로 우리나라에서는 술을 데워서 마시는 문화도 존재했습니다. 고려시대 문인 이규보의 시에는 막걸리를 데워

  우리술 마시는 법과 온도

마신 내용이 나오고, 17세기 말 『주방문』에는 술을 어떻게 끓여 마시는지가 소개되어 있지요. 이강주는 배와 생강, 계피의 향이 데웠을 때 더욱 풍부해지고, 한산소곡주는 중탕해 마시면 달달하고 구수하고 담백한 맛이 더욱 살아납니다.

따듯하게 마시는 우리술

막걸리: 차가움 속에서 피어나는 탄산의 향연

막걸리

막걸리는 6~8℃로 차갑게 마시는 것이 가장 좋다고 알려져 있습니다. 막걸리는 발효 과정에서 자연적으로 탄산이 생성되는데요. 이 자연 탄산은 저온에서 더 많이 용해되기 때문에 탄산을 안정적으로 유지하고 청량한 맛을 유지하려면 차갑게 마시는 게 좋습니다. 물론 너무 차가울 경우엔 혀의 감각이 무뎌져 막걸리의 단맛과 고소한 맛 등의 풍미를 제대로 느끼기 어렵고 향도 둔해질 수 있습니다. 반면, 너무 따뜻한 상태로 마시면 막걸리의 산미가 지나치게 두드러지게 느껴져 맛의 조화가 떨어집니다. 따라서 살짝 차가운 상태를 유지하는 것이 막걸리의 맛과 탄산의 청량감을 모두 잘 느낄 수 있는 방법입니다.

약주: 8℃ 내외, 개인 취향의 온도를 찾아서

약주

약주는 8℃ 내외에서 마시는 것이 기본입니다. 저온에서 숙성한 약주는 입안에서 상쾌한 산미와 산뜻한 난맛이 소화롭게 느껴지고, 누룩 향과 숙성 중 형성되는 과일 향이 은은하게 느껴집니다. 특히 온도가 낮을 때 알코올의 휘발이 억제되기 때문에 알코올 향이 과하게 올라오지 않고 부드럽게 느껴집니다. 간혹 청주나 약주를 데우면 알코올 휘발로 인해 쓴맛이 더 느껴진다는 분들도 있습니다. 하지만 여기서 중요한 건 개인의 취향에 따라 온도를 조절할 수 있다는 점이에요. 담백하고 깔끔한 맛을 선호한다면 더 차게, 복합적이고 무거운 맛을 좋아한다면 조금 덜 차게 마시면 됩니다.

약주는 소량씩 천천히 음미하면서 마시는 게 포인트입니다. 급하게 마시지 말고 향과 맛의 조화를 느끼며 여유롭게 즐기는 것이 약주를 제대로 마시는 방법이에요.

청주: 계절과 기분에 따라 선택하는 온도

청주

청주는 다른 술에 비해 온도 선택의 폭이 넓습니다. 기본적으로는 6~15℃에서 마시지만, 겨울철에는 45℃ 정도로 따뜻하게 데워서 마셔도 좋아요. 청주는 차게 마실 때는 단맛과 산뜻한 산미의 밸런스가 좋고 향도 부드러운 편입니다. 은은한 향과 담백한 맛을 즐기고 싶을 때는 저온이나 상온으로 즐겨도 좋습니다. 하지만 청주를 데우면 몸을 데우는 효과도 있고, 술의 향이 휘발되며 더욱 진하게 느껴져 선호하시는 분들도 있습니다. 다만, 따뜻하게 데울 때는 45℃를 넘지 않도록

주의해야 합니다. 너무 뜨겁게 하면 향이 모두 날아가 버려서 아깝습
니다.

증류식 소주: 미지근한 상온이 최고

증류식 소주는 미지근한 상온에서 마시는 것이 가장 좋습니다. 많은
분들이 소주라고 하면 차갑게 마시는 것에 익숙하실 텐데, 그 이유는
차갑게 마셔야 알코올의 맛을 덜 느끼기 때문입니다. 차가운 온도에서
는 알코올의 휘발이 줄어들고, 혀의 통증 수용체 반응을 둔화시켜 알
코올의 쓴맛과 매운 느낌을 줄여 부드럽게 마실 수 있습니다. 하지만
증류식 소주는 다릅니다. 차갑게 마시면 술의 향이 감춰져서 본래의
깊은 맛을 느낄 수 없어요.

증류식 소주

안동소주 같은 증류식 소주는 상온에서 마셔야 풍부한 향과 깊은 맛
을 제대로 경험할 수 있습니다. 처음엔 낯설 수 있지만, 한 번 익숙해지
면 위스키 못지않은 깊이 있는 맛에 매료되실 거예요.

보관할 때 꼭 지켜야 할 4가지 원칙

1. 직사광선 차단

햇빛에 노출되면 색과 향이 변질됩니다.

2. 온도 일정 유지

온도 변화가 잦으면 발효가 빠르게 진행되어 맛
이 변해요.

3. 세워서 보관

눕혀 보관하면 뚜껑과 술이 닿아 가스와 함께 술
이 새어 나올 수 있어요.

4 . 밀봉 관리

공기 접촉을 최소화하여 산화를 방지해야 해요.

집에서 실천하는 보관 노하우

우리술을 구매할 때는 제조일자를 확인하고, 생주는 제조일로부터
1~2주 이내가 가장 좋습니다. 냉장 보관되어 있는지도 꼭 체크하세요.

집에서 보관할 때는 막걸리는 냉장고 안쪽 선반에 세워서, 청주나 약주는 온도가 일정한 안쪽에 보관하는 것이 좋습니다. 소주는 실온이나 냉장 모두 가능하지만 직사광선은 반드시 차단해야 해요.

온도 하나만 제대로 맞춰도 같은 술이 전혀 다른 맛으로 변신하는 걸 경험할 수 있습니다. 직사광선 차단, 적정 온도 유지, 세워서 보관, 밀봉 관리라는 4대 보관 원칙만 지켜도 집에서 우리술의 제대로 된 맛을 즐길 수 있어요.

 우리술 마시는 법과 온도

우리술의 색, 맛, 향 즐기기

우리술은 왜 황금빛이 날까?

황금빛을 띤 우리술

우리술을 제대로 즐기려면 먼저 그 색깔부터 살펴봐야 합니다. 우리술의 색은 주로 주재료와 누룩의 영향을 받는데요. 멥쌀을 주재료로 할 경우 흰빛을 띠지만, 밀이 들어갈 경우엔 누르스름한 색을 띠게 됩니다. 그러다 보니 우리술의 가장 특징적인 색깔은 누런 황금색입니다. 일반적으로 한국 전통주에 사용되는 누룩은 밀을 통째로 빻아 만들어 자연스럽게 누런색을 띱니다. 반면 일본 사케는 껍질을 깎아 낸 흰

쌀로 만든 쌀누룩(입국)을 사용하기 때문에 회백색을 띠어 투명한 색깔의 청주를 만들어 내지요.

전문가들은 "술의 색깔이 황금색이면 한국 전통의 맑은 술인 약주에 해당하고, 술이 투명하면 일본 사케류의 청주에 해당한다"고 설명합니다. 막걸리의 경우도 사용하는 누룩에 따라 색이 달라지는데, 전통 누룩으로 만든 막걸리는 누런색을 띠며 깊고 풍부한 맛을 내는 반면, 일본식 입국으로 만든 막걸리는 흰색을 띠며 깔끔하고 단맛을 낸다는 특징이 있습니다.

다섯 가지 맛의 조화

우리술이 너무 달아서 싫다고 하시는 분들도 계시는데요. 사실 우리술은 다섯 가지 맛(五味)이 나는 것이 특징입니다. 달고(甘), 시고(酸), 쓰고(苦), 떫고(澁), 매운(辛) 맛이 그것으로, 이는 오미자의 다섯 가지 맛과 같은 개념입니다. 일반적으로 좋은 술은 이 맛들이 두드러지지 않고 함께 어우러져 있는 것이 특징이지요.

최근 2024년 11월 농촌진흥청과 건국대학교 연구진이 우리술에 관한 흥미로운 연구 결과를 내놓았습니다. 국내 전통주 48종을 분석한 끝에, 맛과 향을 좌우하는 서른세 가지 핵심 대사체*를 밝혀낸 것입니다. 예를 들어 탁주에서는 먼저 버터 같은 맛, 우유를 닮은 크리미한 향, 그

● 전통주 발효 과정에서 미생물 대사로 생성된 대사산물(metabolites).

 우리술의 색, 맛, 향 즐기기

리고 달콤한 과일 향이 두드러졌습니다. 연구진은 이 풍미들이 각각 옥타데카노산, 노나노산, 옥타노산이라는 지방산에서 비롯된다고 설명합니다. 세 가지가 어우러지며 탁주만의 요구르트 같은 독특한 풍미가 완성되는 것이지요. 약주에서는 또 다른 조합이 드러났습니다. 짭짤한 맛, 기름진 향, 은근한 단맛이 어울려 부드럽고 풍성한 맛을 이루는데, 이는 숙신산, 헵타노산, 헥사데카노산 같은 성분들이 만들어 내는 결과였어요. 소주의 경우에는 훨씬 단순했습니다. 말론산이라는 한 가지 성분이 중심을 이루며, 그 덕분에 소주 특유의 깔끔하고 산뜻한 맛이 살아난다고 합니다.

오감의 조화를 품은 우리술

자연이 빚어 내는 신비한 향

잘 빚은 우리술은 방향(芳香)이라 부르는 은은하고 향긋한 냄새가 납니다. 우리술의 향은 그 복잡성과 신비로움으로 인해 무슨 향이라고 단정 짓기가 힘들 만큼 복잡한 것이 특징이라고 평가받습니다. 놀라운 점은 쌀이나 보리, 밀 등 술의 주원료나 발효제로 사용되는 누룩에는 없는 천연 과실 향기와 꽃향기가 발효 과정에서 자연스럽게 생성된다는 것입니다.

포도를 넣지 않아도 완성된 술에서 포도 향이 나고, 사과를 넣지 않아도 사과 향이 납니다. 이러한 향기는 한 가지가 아닌 두세 가지가 어우러져 나타나며, 매실 향, 꽃 향 등도 함께 느낄 수 있지요. 이는 발효 과정에서 미생물이 다양한 에스테르, 알코올, 알데히드 등의 휘발성 화합물을 생성하기 때문인데요. 예를 들어 저온 숙성한 전통 약주에서는 누룩의 밀기울 성분과 누룩 미생물의 상호작용으로 꿀, 매실, 복숭아, 꽃 향 등 다양한 향기 프로파일이 뚜렷이 나타납니다.

서양의 와인이 떼루아(terroir)로 그 지역의 특성을 담아낸다면, 우리 술은 누룩과 미생물이 살아 숨 쉬는 발효의 특성으로 한국만의 색과 맛, 그리고 향을 그려 내는 거죠. 물론 막걸리는 원주에 물을 타서 알코올 도수를 6도 정도로 맞추는 제성과정을 거치면서 향기 성분이 공기 중으로 휘발됩니다. 하지만 막걸리도 가만 코를 가까이 대고 향을 맡아 보면 엷게 풍겨 나오는 다양한 방향을 느낄 수 있을 겁니다.

우리술 잔으로 맛있게 마시기

술맛이 잔에 따라 달라진다는 걸 아시나요? 같은 막걸리라도 양은잔에 마시는 것과 도자기 사발에 마시는 것이 확연히 다릅니다. 마치 같은 라면이라도 양은 냄비에서 먹는 것과 그릇에 담아 먹는 것이 다른 것처럼 말이죠.

술잔과 술맛에 대해 『향기로운 한식, 우리술 산책』이라는 책에는 흥미로운 실험 결과가 소개되어 있습니다. 소믈리에들을 대상으로 맥주는 양주잔에, 막걸리는 와인잔과 소주잔에, 와인은 막걸리잔과 소주잔에, 희석식 소주는 와인잔에 담아 각각 맛을 평가하도록 한 것인데요. 결과를 보니 막걸리를 소주잔에 따르면 산미가 두드러지며 밍밍하게 느껴졌고, 와인잔에 따르면 향이 더욱 풍성하게 피어올랐다고 합니다. 반대로 와인을 소주잔에 담으면 향을 거의 느낄 수 없었다고 하네요.

사실 저는 '입에 들어가면 다 똑같다'고 생각하는 무던한 편에 속합니다. 그간 술잔은 그저 심미적 측면만 생각했지 향과 맛에 영향을 줄 거라 생각하지 않았는데요. 술잔도 술맛을 완성하는 중요한 요소 중 하나입니다. 우리술과 어울리는 잔이 무엇인지 같이 알아보죠.

잔이 술맛을 바꾸는 과학적 비밀

우리술을 제대로 즐기려면 잔의 과학을 알아야 합니다. 잔의 입구가 좁을수록 향이 집중되어 코로 전달되는 향의 강도가 높아지고, 반대로 입구가 넓은 잔은 향이 빠르게 퍼져 은은한 향을 느끼게 한다고 합니다.

또한 잔의 두께와 형태는 술의 온도 유지에 직접적인 영향을 미치는데요. 얇은 잔은 손의 열이 술에 전달되어 온도가 빠르게 상승할 수 있고, 두꺼운 잔은 온도 변화를 늦춰 줍니다. 특히 탄산이 있는 막걸리를 마실 때는, 좁고 긴 잔이 탄산을 오래 유지해 청량감을 더욱 살려 주기 때문에, 술에 따라 적절한 잔을 선택하는 것이 중요합니다.

부산역 1층에 위치한 복순도가 매장에서는 손막걸리를 잔술로 주문할 수 있습니다. 탄산감이 강한 복순도가 잔술을 좁고 긴 잔에 담아 주지요. 저는 부산역에서 기차를 타기 전에 한 잔씩 마실 때가 있었는데요. 긴 잔에 마시면 더욱 청량하고 시원하게 막걸리를 즐길 수 있었습니다.

막걸리는 역시 도자기 사발

탄산감이 강한 막걸리는 좁고 긴 잔이 청량감을 살려 주지만, 일반적인 막걸리는 벌컥벌컥 마셔야 그 술의 진가를 알 수 있다고 하지요. 그래서 입구가 굉장히 넓은 게 특징입니다. 신라대 막걸리세계화연구소 배송자 소장은 "막걸리는 숨을 쉬는 옹기로 만든 사발에 마시는 게 제맛"이라며 "소박하고 투박한 모양의 사발이 막걸리의 전통과도 맥락이 같다"고 강조합니다.

막걸리잔

국순당에서도 "막걸리는 소주나 와인과 달리 벌컥벌컥 마셔야 맛있기 때문에 일반 술보다는 상대적으로 용기가 커야 하고 단맛·신맛 등 오미를 한 번에 느낄 수 있도록 잔의 표면이 넓어야 한다"고 권합니다.

하지만 도수가 높은 프리미엄 막걸리는 조금 다릅니다. 이화주처럼 걸쭉하고 도수가 12.5도로 상대적으로 독한 고급 막걸리는 용량이 작은 자기에 서빙하는 것이 적절하다고 해요. 넷플릭스 <흑백요리사2>에 출연해 화제가 된 윤나라 셰프의 '윤주당' 같은 전문점에서도, 직접 빚은 진한 탁주나 프리미엄 우리술을 낼 때는 술의 성격에 맞는 작고 예쁜 잔을 매칭해 줍니다. 이는 천천히 음미하면서 맛있게 마시라는 의 도라고 합니다.

사실 많은 전문가들이 막걸리에 어울리는 잔으로 도자기나 옹기잔을 추천합니다만, 우리가 막걸리를 생각할 때 같이 떠오르는 양은 주전자 와 양은 사발도 정겹지 않나요? 물론 알루미늄은 유리보다 열전도율 이 훨씬 높아 술의 시원함이 오래가지 않는다는 단점이 있습니다. 그 러나 가볍고 튼튼해 야외에서도 부담 없이 사용할 수 있고, 어디에 두 어도 잘 깨지지 않는 실용적인 장점이 있어 여전히 선호하는 분들도 많습니다.

약주와 청주는 작고 우아하게

약주는 적당한 크기의 도자기 잔에 마시는 것이 알맞습니다. 와인처 럼 잔을 돌려 가며 향을 크게 모으는 방식이 아니라, 입에 가까이 가져 갔을 때 은은하게 풍기는 향을 즐기는 술이기 때문이지요. 전통적으로 약주는 50mL 정도의 작은 도자기 잔이 적절하며, 이는 일반 소주잔 규격과 비슷합니다.

약주와 청주 잔

     우리술 잔으로 맛있게 마시기

약주에 어울리는 잔의 색상은 흰색과 푸른색이 전통적으로 선호된다고 합니다. 이는 약주의 황녹색과 잘 어울리는 색으로 여겨지기 때문이라고 해요. 청자 잔의 경우 얇고 곡선이 매끄러운 형태로 귀족적 아름다움, 우아함을 상징한다니, 약주를 담는 잔의 시각적 즐거움도 살피면서 옛 조상들이 풍류를 즐기던 순간을 느껴보세요.

증류식 소주는 향을 음미하며

증류식 소주는 대체로 한 모금씩 천천히 음미하는 술이라 예로부터 작은 잔에 조금씩 따라 마시는 것이 일반적입니다. 흔히 비싸니까 아껴 마신다는 농담이 있지만, 사실 도수가 높아 소량으로도 충분히 풍미를 즐길 수 있기 때문에 자연스럽게 자리 잡은 문화이기도 합니다.

증류식 소주잔

특히 증류식 소주에는 위스키나 브랜디 전용 잔도 잘 어울립니다. 이런 잔은 아랫부분이 넓고 윗부분이 오므라드는 구조라, 향이 모이게 되어 증류식 소주의 정말 고급스러운 향을 즐기기 좋습니다. 전문가들은 글랜캐런 글래스(Glencairn Glass)처럼 위스키 테이스팅에 특화된 잔에 따르고, 잠시 산소와 닿게 해서 알코올 기운을 누그러뜨린 뒤 마시는 방식을 추천합니다.

전통적으로는 은잔도 자주 사용되었습니다. 작고 깊은 형태의 은잔은 귀중함과 절제된 음주를 상징하고, 금속 특유의 차가운 감촉이 입술에 닿으며 증류주의 쌉쌀한 맛을 또렷하게 느끼게 합니다. 특별한 날 한번쯤 시도해 보시는 것도 좋겠네요.

상황별 잔 선택법

공식적인 자리에서는 전통 도자기 잔을 사용하는 것이 예의겠지요. 특히 어르신들과 함께하는 자리라면 흰색이나 푸른색의 작은 도자기 잔이 좋아요. 용량은 50mL 정도가 적당하며, 너무 큰 잔은 예의에 어긋날 수 있습니다.

캐주얼한 모임에서는 와인잔을 활용해 보세요. 특히 프리미엄 막걸리

나 약주의 경우 와인잔에 마시면 향이 더욱 잘 느껴집니다. 화이트 와인잔은 약주와 특히 잘 어울리는데, "화이트 와인과 약주는 차갑게 보관해 마신다는 점과, 입맛을 돋우는 산미와 향긋한 과실 향이 매력적이라는 점이 서로 닮았기 때문"이라고 합니다.

혼술이나 홈술 상황에서는 개인의 취향대로 즐기시면 됩니다. 같은 술도 잔에 따라 다른 맛을 느낄 수 있으니, 여러 종류의 잔을 준비해 두고 비교해 보는 재미도 쏠쏠합니다.

오늘 저녁, 집에 있는 각양각색의 잔에 우리술을 따라서 맛보세요. 아마 같은 술인데도 잔에 따라 느껴지는 맛과 미묘한 향의 차이를 발견하게 될 거예요. 그리고 여러분만의 찰떡궁합 잔을 발견하게 될 수도 있답니다.

Part 2

우리술 탐험

일러두기

‘원재료명’과 ‘양조장명’은 업체 라벨을 준용하여 표기하였습니다.

가와지탁주8

한반도 최초 재배 벼로 빚은 삼양주 막걸리

배다리도가 농업회사법인(주)

주종 생탁주　　**도수** 8%　　**원재료** 쌀(고양 가와지햅쌀), 정제수, 누룩(밀함유), 효모, 종국

테이스팅 노트
향 바나나, 요거트, 배, 멜론, 바닐라
맛 단맛, 신맛, 균형감, 부드러운, 무게감

단맛	
산미	
쓸쓸	
바디	
탄산	

페어링 제육볶음, 파전, 더덕구이, 도토리묵무침

한반도에서 가장 오래된 벼의 후손, 가와지쌀. 그 귀한 쌀로 빚은 막걸리가 가와지탁주8입니다. 경기도 고양시에서 자란 고양 가와지쌀은 멥쌀과 찹쌀의 중간 정도 찰기를 지녀 담백하면서도 쫀득한 단맛을 품고 있습니다. 이 쌀을 삼양주 방식으로 빚어 자연스러운 단맛과 깊이를 살렸습니다. 잔을 기울이면 눈처럼 맑은 백색 술에 바나나와 멜론, 배를 떠올리게 하는 과일 향이 피어오릅니다. 한 모금 머금으면 요거트를 닮은 산미가 퍼지고, 마무리는 드라이하면서도 깔끔한 산미가 입안을 정리합니다. 묵직한 생막걸리 특유의 질감과 밸런스 잡힌 과실 향이 조화롭게 어우러져 막걸리를 처음 접하는 이도 부담 없이 즐길 수 있는 술입니다.

경탁주 12도

성시경이 인정한 맛있는 술, '경(境)'의 프리미엄 막걸리

제이1 농업회사법인(주)

주종 탁주　**도수** 12%　**원재료** 쌀(국내산 100%), 정제수, 국(밀함유), 효모, 산도조절제

테이스팅 노트

향 배, 사과, 요거트, 참외, 멜론

맛 단맛, 신맛, 무게감, 여운(지속성), 감칠맛

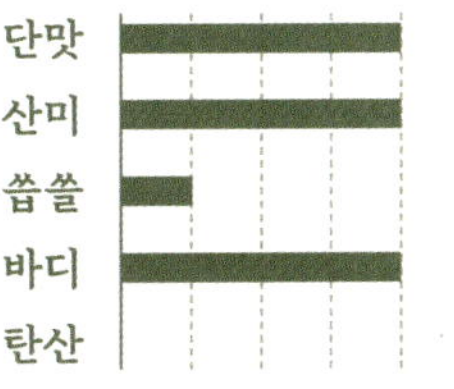

페어링 수육, 김치, 제철회, 브리치즈

그가 인상을 쓰고 먹는 음식은 믿음이 갑니다. 미각에 솔직한 애주가, 가수 성시경. 그런 그가 오랜 시간 고민하고, 50여 종의 샘플을 직접 맛보고 선택한 첫 번째 막걸리가 경탁주 12도입니다. 이 술은 경기도 용인의 제이1 양조장에서 100% 국산 쌀만을 사용해 감미료 없이 빚었습니다. 첫 향에서는 사과와 배 같은 과일 향이 느껴지고, 입안에서는 부드러운 산미가 새콤달콤하고 자연스럽게 퍼집니다. 마무리는 의외로 드라이하며 도수 12도의 깊이 있는 여운도 남습니다. 차갑게 마시면 맛이 또렷해지고, 얼음을 넣으면 부드럽게 풀어지는 변화를 느낄 수 있는데요. 섬세한 입맛을 가진 이가 선택한 한잔에 담긴 확신과 같은 술입니다.

고향춘

직접 띄운 이화곡으로 빚어낸 정성의 맛

(주)농업회사법인 술 빚는 전가네

주종 쌀 탁주 **도수** 10% **원재료** 포천쌀 9.6%, 찹쌀 19.2%, 향미찹쌀 9.6%, 전가네이화곡 3.8%, 정제수 57.8%

테이스팅 노트

향 배, 매화, 누룩

맛 단맛, 신맛, 부드러운

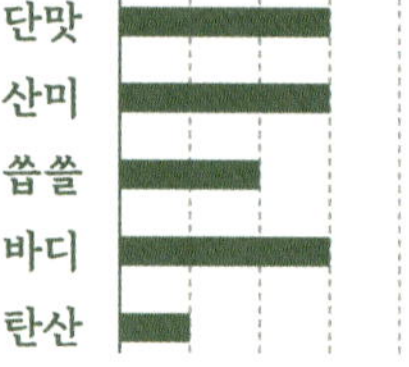

단맛
산미
쓴쓸
바디
탄산

페어링 초무침, 모둠전

모든 전통주엔 정성이 담겨 있지만, 고향춘은 누룩에서 그 진심이 느껴집니다. 전가네 양조장은 술의 균질한 맛을 위해 포천에서 황국균을 활용해 쌀누룩(이화곡)을 직접 띄웁니다. 이 누룩과 깨끗한 물, 포천산 쌀로 빚은 삼양주가 고향춘입니다. 밑술은 포천쌀, 첫 번째 덧술은 찹쌀, 두 번째 덧술은 누룽지 향을 위한 향미 찹쌀로 빚어 세 겹의 맛과 향이 층층이 쌓입니다. 한 모금 머금으면 과일 향이 퍼지고, 뒤따라 부드러운 신맛과 단맛, 마지막엔 구수한 곡물과 누룽지의 깊은 향이 고요히 남습니다. 일반 막걸리보단 걸쭉하지만, 입에 닿으면 부드럽고 깔끔하게 넘어가는 게, 마치 고향에서 할머니가 지어준 밥이 떠오르는 술입니다.

고향춘

양조장 대표님이
빨간색을 좋아하는 멋쟁이셔서

신발도 빨간색, 고향춘의 패키지도
빨간색이 되었다는 그런 귀여운 이야기.

고향춘

과천미주

맑고 청명한 맛의 예쁜 술, 과천미주

우리술별처럼 과천도가

주종 탁주   **도수** 9%   **원재료** 정제수, 경기미 햅쌀(국내산), 국, 효모 [밀함유]

테이스팅 노트
향 참외, 생쌀, 국화
맛 단맛, 신맛, 부드러운

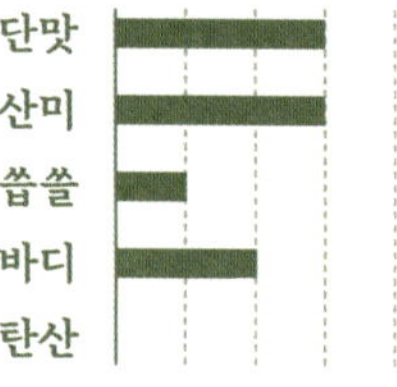

페어링 신선한 제철 해산물, 매콤한 술찜, 파스타, 치즈와 견과류, 해물파전

첫인상은 황금빛 따뜻한 색조에 투명한 병으로 누가 봐도 약주 같지만, 병 아래 눈처럼 소복이 쌓인 하얀 지게미를 보면 이 술이 막걸리라는 걸 알게 됩니다. 생쌀을 곱게 갈아 발효한 이양주 방식으로 다른 막걸리와 달리 지게미를 줄여 텁텁함이 적고 질감이 가벼우며 단맛이 무겁지 않아 맑고 깔끔합니다. 하지만 맑은 맛을 낸다고 만만하게 보시면 안 됩니다. 일반 시중 막걸리보다 도수가 높은 9도의 막걸리이기 때문입니다. 도수는 높지만, 저온 숙성 과정을 거쳐 술맛은 안정적이고 숙취도 적습니다. 과천미주는 꼭 한번, 맑은 층과 탁한 층을 나누어 맛보시길 권합니다. 같은 술에서 전혀 다른 두 얼굴을 만나는 재미가 있습니다.

막걸리는 텁텁하다는 편견?

과천미주는 지게미를 줄인 산뜻한 술로
묵직한 질감을 선호하지 않는 분들에게
추천하고 싶은 탁주입니다.

<일반적인 지게미양 비교>

쌀로 만든 米주   아름다운 美주

과천미주

금풍양조

도수 6.9도에 숨겨진 의미, 100년 전통의 막걸리

금풍양조장

주종 탁주　**도수** 6.9%　**원재료** 정제수, 쌀(강화도), 국, 효모 [밀함유]

테이스팅 노트
향 요거트, 누룩, 갓 지은 밥
맛 단맛, 부드러운, 고소한

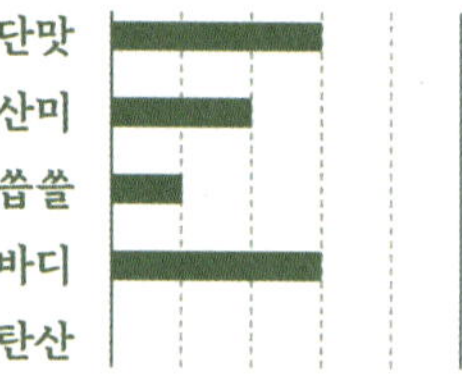

페어링 두부김치, 메밀전병, 도토리묵 무침

1938년, 인천 주류 품평회에서 탁주와 약주 '우등상'을 받았습니다. 강화도 온수리의 지하수, 100% 국산 강화쌀, 그리고 한 세기를 이어온 손맛을 간직한 금풍양조 막걸리입니다. 금풍양조장은 민간 소유로는 최초로 인천광역시에 등재된 문화재 양조장이기도 합니다. 이 술은 한 번 빚은 술에 다시 쌀과 물을 더해 15일간 숙성시키는 이양주 방식으로 만들어집니다. 인공 감미료 없이 오직 곡물로만 빚어 첫맛은 은은한 단맛, 끝에는 요거트를 닮은 산뜻함과 누룩의 고소함이 조용히 남습니다. 탄산 없이 부드럽고 깔끔한 목넘김은 강화도 물맛의 힘이기도 합니다. 시간이 바꾸지 못한 술, '옛 맛 그대로'를 지킨 고급스런 우리 술입니다.

금풍양조

금풍양조장은 3대째 이어져 내려오는
100년 전통의 목조 양조장입니다.

옛 양조장의 구조와 우물 터를
그대로 보존하고 있어서
찾아가는 재미도 쏠쏠하답니다!

도수 6.9%는 대표님의
할아버지께서 금풍양조장을 인수하신 1969년을
기념했다고 하니 재미있지요?

금풍양조

나루 생막걸리

과거와 현재를 연결하는 힙한 나루

농업회사법인 한강주조

주종 탁주　　**도수** 6%　　**원재료** 정제수, 쌀(국내산), 국, 효모 밀함유

레이스팅 노트

향 멜론, 바나나, 화이트 초콜릿

맛 단맛, 부드러운, 균형감

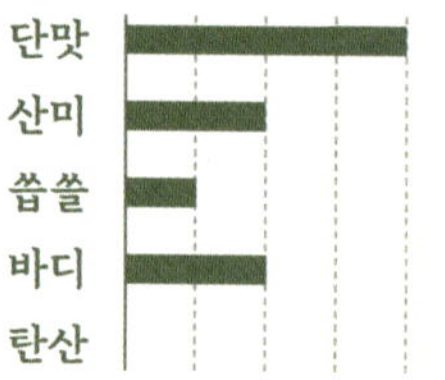

페어링 육포, 돼지두루치기, 매콤한 주꾸미, 족발, 햄

서울 성수동, '한국의 브루클린'이라 불리는 이 동네에 과거와 현재를 술로 잇는 양조장이 있습니다. 한강주조의 나루 생막걸리입니다. 화학 첨가물 없이, 100% 국내산 경복궁쌀과 누룩만으로 빚습니다. 감미료 없이도 쌀이 가진 고유의 단맛이 살아 있고, 멜론, 참외, 바나나 같은 과일 향이 은은히 퍼집니다. 효모가 살아있는 생막걸리라 보관 방법에 따라 맛의 결이 달라집니다. 시원하게 마시면 부드럽고, 상온에 두었다가 냉장 보관하면 탄산이 살아나 톡 쏘는 느낌도 즐길 수 있지요. 특히 탄산 없이 마실 땐, 윗부분 맑은 술만 따라 마셔보는 것도 추천드립니다. 화이트 초콜릿을 닮은 실키한 단맛이 입안에 고요히 번집니다.

날씨야 네가 아무리 추워 봤자
우리가 옷을 사 입나,
술을 마시지. (술타령 / 신천희)

(힙한 광고도 유명한 나루 생막걸리)

패키지 라벨 속 도형들은
나루터를 형상화하고 있는데요.

한때 오징어 게임 막걸리라는
애칭으로도 불렸었답니다.

나루 생막걸리

뉴룩 오리지널

못난이 쌀로 빚은 당류 0g, 탄산감 가득한 우리술

농업회사법인 뉴룩 주식회사

주종 탁주　　**도수** 4%　　**원재료** 정제수, 알룰로오스, 쌀 (경기미), 포도당, 효모, 누룩, 국, 젖산 [밀함유]

테이스팅 노트

향 버터, 누룩, 파인애플, 갓 지은 밥

맛 톡 쏘는 맛(탄산), 부드러운, 감칠맛, 균형감

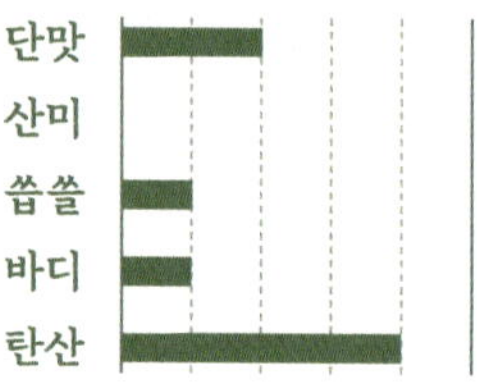

페어링 치킨, 마라 요리, 튀김

IPA 맥주를 마신듯 탄산이 살아 있고, 당류는 0g으로 비워낸 독특한 막걸리가 있습니다. 뉴룩 오리지널은 누룩의 전통을 오늘의 감각으로 다시 빚은 저도수 막걸리입니다. 특허출원 발효 공법(제10-2023-0137077호)을 적용해 쌀을 발효하면서 당류를 제거하고, 숙취를 유발하는 알데히드 생성을 억제했다고 하는데요. 그래서 한 병(500mL) 기준 118kcal에 머무르며, 맛은 가볍고 피니시는 맑게 떨어집니다. 주원료로 경기산 '쇄미(못난이 쌀)'를 사용해 자원을 아끼고, 수분리 라벨과 FSC 인증 박스로 지속 가능성을 실천한다고 합니다.

뉴룩은 막걸리를 무겁지 않게 즐기고 싶은 현대인들을 위한 라이트한 술입니다.

도봉산막걸리

도봉산의 향기로운 핑크빛 막걸리

선인양조

주종 탁주　**도수** 8%　**원재료** 양주쌀, 누룩(우리밀, 밀 함유), 정제수, 홍국 쌀누룩(도화곡, 양주산), 생강(양주산)

테이스팅 노트
향 복숭아, 생강, 버섯, 누룩, 꽃
맛 담백한 맛, 단맛, 신맛, 목넘김, 여운(지속성)

단맛
산미
쓴쏠
바디
탄산

페어링 수육, 바지락 술찜, 차돌박이 숙주볶음

눈으로 먼저 설레는 분홍빛의 막걸리입니다. 이 술은 선인양조의 김미숙 대표가 복숭아꽃에서 영감을 받아 개발한 붉은 누룩, 도화곡을 사용해 빚습니다. 쌀가루와 홍국을 함께 발효해 만든 이 누룩 덕분에 술은 인공 색소 없이도 자연스러운 핑크빛을 띠고, 잔잔한 꽃 향을 머금게 됩니다. 도봉산 막걸리는 삼양주 방식으로 빚습니다. 30일 동안 발효하고, 다시 30일 동안 저온에서 숙성하며 완성합니다. 알코올 도수는 8도지만 첫맛은 담백하고 부드럽게 시작합니다. 삼킨 뒤에는 은은한 생강 향이 입안을 상쾌하게 정리해줍니다. 도화곡으로 빚어 일반 홍국 술과 달리 누룩 냄새가 거의 나지 않고, 깔끔한 꽃잎처럼 잔잔하고 감각적인 술입니다.

별산

요거트와 같은 단맛과 신맛의 별난 막걸리

(주)양주도가 농업회사법인

주종 생탁주　**도수** 6.5%　**원재료** 정제수, 쌀(국내산), 입국, 효모, 당류가공품

테이스팅 노트

향 청사과, 바나나, 요거트, 참외

맛 감칠맛, 단맛, 신맛, 균형감, 부드러운

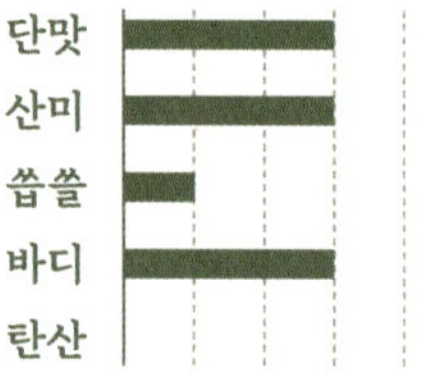

단맛
산미
쓴쓸
바디
탄산

페어링 오징어 초무침, 주꾸미 볶음, 양념치킨

별산은 경기도 양주의 무형문화재 별산대놀이에서 영감을 받아 창의적으로 완성된, 이름처럼 '별(別)난 신맛(酸)'을 지닌 막걸리입니다. 양주도가는 감식초에서 얻은 발효균으로 막걸리를 빚는 새로운 시도를 통해 요구르트처럼 감칠맛 나고, 입맛을 돋우는 상큼한 맛을 구현했습니다. 6.5도의 부드러운 알코올 도수, 삼양주 방식으로 세 번 정성껏 담근 쌀 발효는 입안 가득 농밀하고 깊은 풍미를 전해줍니다. 차갑게 마시면 단맛과 신맛이 조화를 이루고, 온도가 올라갈수록 신맛이 도드라져 매콤한 음식과도 잘 어울립니다. 풋사과와 바나나를 닮은 향이 은은하게 맴돌며, 독특한 신맛으로 막걸리의 틀을 넘어 새로운 기준을 제시합니다.

별산

'막걸리와 식초는 절대 같은 장소에서
만들면 안 된다'는 말이 있습니다.

별산

술취한 원숭이

장밋빛 유혹, 술취한 원숭이

농업회사법인(주)술샘

주종 탁주　　**도수** 10.8%　　**원재료** 쌀(국내산 경기미),
누룩(국내산 밀함유), 홍국(국내산), 물

테이스팅 노트
향 누룩, 곡물, 꿀
맛 단맛, 신맛, 무게감, 부드러운

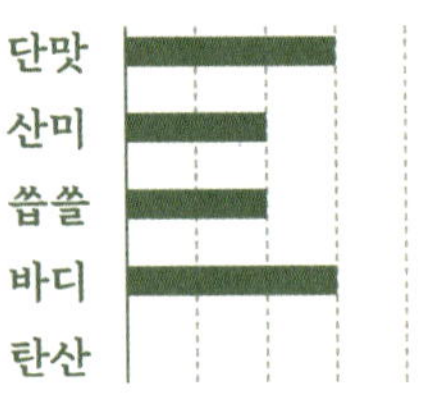

단맛	
산미	
쏩쏠	
바디	
탄산	

페어링 떡갈비, 불고기, 양념 치킨, 과일, 치즈

붉은빛 막걸리, 마치 말린 장미꽃을 우려낸 듯한 아름다운 색은 인공색소가 아닌 '홍국균을 접종한 홍국쌀'에서 나온 자연의 색입니다. 이름부터 눈길을 끄는 술취한 원숭이는 경기도 용인의 술샘에서 만든 독특한 생막걸리입니다. 용인의 백옥쌀과 120m 지하 암반수를 사용하고, 전통 누룩을 직접 띄워 발효합니다. 도수는 10.8도로 맛이 너무 좋아 108번뇌를 10분의 1로 줄여준다는 유쾌한 발상에서 시작된 숫자예요. 한 모금 머금으면 가벼운 산미감과 곡물에서 우러난 은은한 단맛, 그리고 묵직한 바디감이 입안을 감쌉니다. 기분 좋은 산뜻함과 유쾌한 이름, 그리고 이국적인 붉은색까지, 파티에 딱 어울리는 전통주입니다.

술취한 원숭이는 16년 붉은 원숭이의 해에
붉은 원숭이와 함께 출시되었습니다.

술취한 원숭이
생탁주
유통기한 1달
냉장 보관

붉은 원숭이
살균탁주
유통기한 1년
실온 보관

라벨을 자세히 들여다보면
인간이 술에 취하면 할 수 있는
모든 행위들이 익살스럽게 표현되어 있답니다.

술취한 원숭이

아주-연천율무동동주

새콤한 사과 향의 프리미엄 율무동동주

농업회사법인 연천양조(주)

주종 탁주　　**도수** 14%　　**원재료** 율무(연천산), 쌀(국내산), 누룩(국내산), 효모, 정제효소, 정제수

테이스팅 노트
향 청사과, 풀, 매화
맛 신맛, 쏩쏠함, 무게감

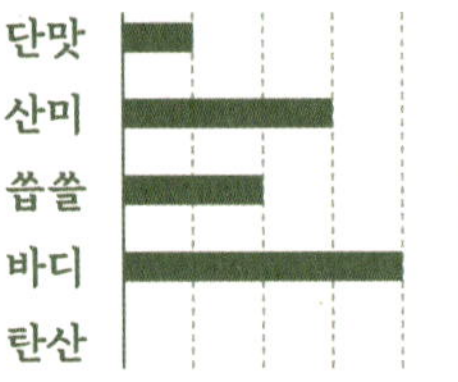

페어링 보쌈, 갈비찜, 불고기, 삼겹살, 소고기 구이 등 육류

걸러내지 않은 술, 그래서 더 깊고 진한 술이 아주-연천율무동동주입니다. 아주-연천율무동동주는 경기 최북단 연천 고래실논 쌀과 율무로 만든 이양주로, 원주를 거르지 않아 진땡이술이라고도 불립니다. 율무는 발효가 느린 곡식입니다. 전분 외에 단백질과 지방이 많아 술 빚기가 쉽지 않죠. 그래서 연천양조는 쌀을 죽으로 쑤어 이틀간 주발효를 진행하고, 율무는 설기떡으로 찐 뒤 특수 누룩과 섞어 3주간 후발효 합니다. 그렇게 한 달여의 발효로 만들어진 이 술은 풀잎 향, 함박꽃 향이 먼저 피어나고 묵직한 질감 속에 새콤한 산미가 균형을 잡아줍니다. 율무로 만든다고 율무차 맛이 나진 않습니다. 오히려 여린 풀잎 향이 가득 퍼집니다.

연희매화

봄의 생동감을 담은 매니악한 전통탁주

______

같이

주종 탁주 **도수** 12% **원재료** 정제수, 멥쌀·찹쌀(국내산), 누룩 3.7% [밀함유], 매화 0.1%(국내산)

테이스팅 노트
향 체리, 매화, 생쌀
맛 신맛, 자극적인, 부드러운

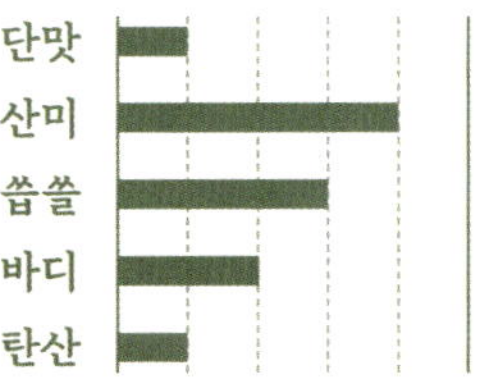

페어링 훈제연어, 치즈 플레이트

전통주에서 이국적인 매력을 찾고 싶다면, 같이 양조장의 연희매화를 추천합니다. 벨기에의 장기 발효 맥주, 람빅에서 영감을 받은 연희매화는 드라이하고 상큼한 맛이 마치 화창한 봄날 이국적인 공원을 걷는 듯한 인상을 줍니다. 양조장 설립 시 연희민트와 더불어 양조장의 개국공신 같은 술이라고 하는데요. '차마 삼키기 아까운 술'이라는 뜻의 석탄주 레시피를 바탕으로 만들어졌고, 그 이름처럼 한 모금이 아깝게 느껴질 만큼 향기롭습니다. 실제 매화꽃이 담겨 있어, 잔을 기울이면 은은한 봄꽃 향이 퍼지고 입 안에선 연희동 골목길에 핀 꽃잎처럼 화사한 인상이 피어납니다. 어여쁜 술, 봄이 잊히지 않도록, 술로 담아낸 계절입니다.

옥주 옥수수 막걸리

찰옥수수의 달콤한 풍미가 가득한 옥수수 막걸리

___

옥수주조

주종 탁주　　**도수** 9%　　**원재료** 정제수, 찹쌀(국내산), 옥수수(외국산(호주, 미국), 국내산), 정제효소, 효모

. . . .

테이스팅 노트
향 옥수수, 누룽지, 버터, 요거트, 꿀
맛 단맛, 신맛, 부드러운, 여운(지속성)

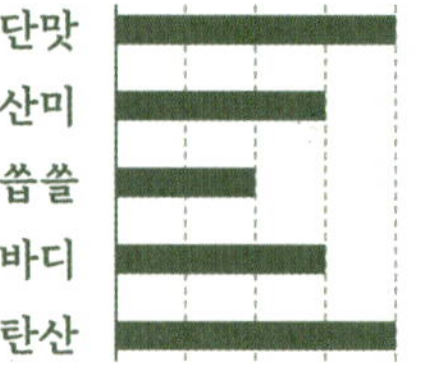

페어링 마라샹궈, 타코

서울 옥수동의 양조장 '옥수주조'에서 만든 이 막걸리는, 지역 이름과 비슷한 옥수수의 맛을 품은 술입니다. 옥수동의 지명과 주재료인 옥수수가 절묘하게 겹치며 단번에 기억에 남습니다. '옥주 옥수수 막걸리'는 감미료 없이도 부드럽고 달큰한 맛을 살린 막걸리입니다. 맥주 양조에서 착안한 발효 공법을 적용해 전통적인 막걸리와는 다른 방식으로 당화와 발효가 이루어지는데요. 옥수수는 분쇄해 끓인 뒤, 찹쌀과 함께 당화하며, 전통 누룩 대신 효모를 활용해 깔끔한 맛을 냅니다. 9도의 알코올 도수는 가볍지 않지만, 옥수수 함량이 11.3%로 높아 한 모금 마시면 삶은 찰옥수수 향이 은은하게 퍼지고, 산뜻한 산미가 느껴집니다.

옥수수 막걸리를 빚는 옥수주조

다른 상큼 친구 막걸리들도 많답니다.

옥수 옥수수 막걸리

탁100 (TAAK 100) 내추럴

내추럴하게 빚었지만 세심하게 걸러낸 츤데레 탁주

———

탁브루

주종 탁주　**도수** 10.5%　**원재료** 정제수(생수), 찹쌀 (인천 강화섬쌀), 국 [밀함유]

테이스팅 노트
향 누룩, 청사과, 매화
맛 단맛, 신맛, 부드러운

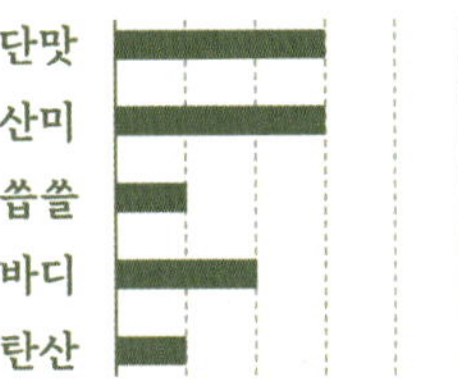

단맛
산미
쏩쓸
바디
탄산

페어링 매운 낙지볶음, 김 치전

막걸리가 텁텁해서 싫으신 분이라면, 관심을 가져봐도 좋을 막걸리가 탁100 내추럴입니다. 보통의 탁주는 걸쭉하고 텁텁한 질감으로 호불호가 갈리지만, 탁100 내추럴은 혀에 닿는 감촉을 맑고 가볍게 하기 위해 특별 제작한 거름망으로 섬세하게 걸러냈다고 합니다. 쌀의 향은 살리되, 쌀입국과 개량누룩은 최소화하여 부담 없는 산뜻함이 느껴집니다. 강화섬에서 난 청정 쌀을 합성 감미료 없이 자연 발효로만 빚어 입안에 맴도는 상큼한 산미와 은은한 단맛 은 놀랍도록 깔끔하고 세련됩니다. 누룩과 텁텁함이 부담스러웠던 사람에게, 탁주는 이렇게도 새로울 수 있다는 걸 보여주는 술. 이름처럼 깔끔하고 자연 스러운 우리 술입니다.

하드포션

MZ세대의 팔팔한 활기를 느낄 수 있는 원주 막걸리

(주)농업회사법인 팔팔양조장

주종 탁주　　**도수** 14.3%　　**원재료** 쌀(김포산, 김포금쌀 100%), 정제수, 국, 산도조절제, 효모 [밀 함유]

....

테이스팅 노트

향 배, 참외, 바나나, 누룩
맛 단맛, 신맛, 무게감, 여운

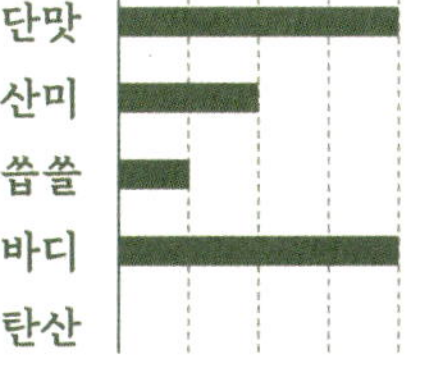

페어링 제육볶음, 주꾸미 볶음, 간장게장

물을 타지 않아 쌀 본연의 풍미가 그대로 살아 있는 원주 막걸리로 대표적 술이 하드포션입니다. 양조장인 경기 김포의 팔팔양조장은 '쌀을 얻기까지 농부가 들이는 88번의 정성'을 모티브로, 지역 농산물과 친환경 생산방식을 지향합니다. 하드포션은 특 등급의 김포 추청미를 고두밥으로 밑술과 덧술을 더해 빚고, 개량누룩과 송학곡자를 사용해 7일간 발효시킨 뒤 알코올 도수 14~15%의 진한 원주로 완성합니다. 물을 섞지 않아 쌀죽 같은 질감과 묵직한 바디감, 드라이한 여운이 인상적이며, 진한 꿀 향과 함께 참외, 바나나 같은 열대 과일 향도 퍼집니다. 쌀의 단맛이 자연스럽게 전달되며, 시간이 지날수록 향미가 변해가는 재미도 있습니다.

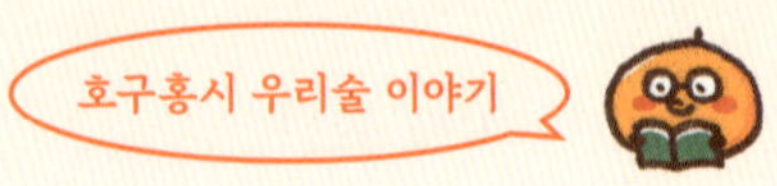

물보다 쌀이 더 많은 술?!

하드포션은 팔팔막걸리의 원주(원액) 막걸리로 물에
희석하지 않아 물보다 쌀의 함량이 높습니다.

하드포션을 적절한 비율로 희석하면
팔팔막걸리가 되는 것이죠.

진한 만큼 얼음을 넣어서
온더록으로 즐겨보세요.

호랑이배꼽생막걸리

배를 한입 베어 문 듯 시원한 생쌀 발효 막걸리

밝은세상영농조합

주종 탁주　**도수** 6.5%　**원재료** 평택쌀 100%(백미 60%, 현미 40%), 누룩, 정제수, 정백당

테이스팅 노트

향 배, 참외, 꿀, 누룩, 요거트

맛 단맛, 신맛, 균형감, 부드러운

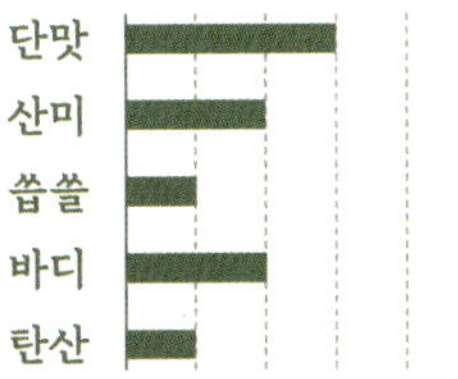

페어링 보쌈, 생선회, 동남아 요리(커리, 볶음면)

한반도는 호랑이처럼 생겼지요. 그 호랑이의 배꼽 자리에 평택이 있습니다. 그곳에서 '호랑이배꼽'이라는 이름의 특별한 막걸리가 태어났습니다. 이 술은 전통 방식에 와인 제조에서 착안한 생쌀 발효법으로 빚어집니다. 멥쌀을 찌지 않고 그대로 발효함으로써, 쌀 본연의 순수한 향과 고운 단맛을 살려냈다고 합니다. 평택산 햅쌀 중 백미와 현미를 6:4 비율로 섞어, 무려 100일간 발효와 숙성의 시간을 들입니다. 그 결과, 시원한 배 향과 꿀 같은 단맛, 그리고 목넘김 뒤 맴도는 고운 여운이 완성됩니다. 첫 10일간은 단맛과 부드러운 풍미가 돋보이며 시간이 흐르면 자연 탄산이 올라와 점점 드라이하고 산뜻한 맛으로 변합니다.

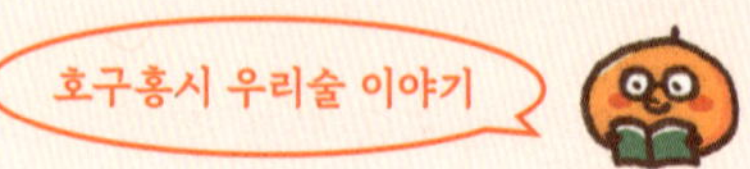

한반도를 호랑이 형상으로 본다면,
배꼽 위치에 자리한 경기도 평택 양조장에서
탄생한 생쌀 발효 막걸리.

경성과하주

달콤하고 은은한 꽃 향기의 여름을 나는 술

술아원

주종 약주   **도수** 20%   **원재료** 찹쌀(여주산), 누룩(국내산) [밀함유], 증류원액(경기미), 정제수

테이스팅 노트

향 청사과, 생쌀, 국화, 매화, 연꽃
맛 단맛, 신맛, 무게감, 청량감, 여운

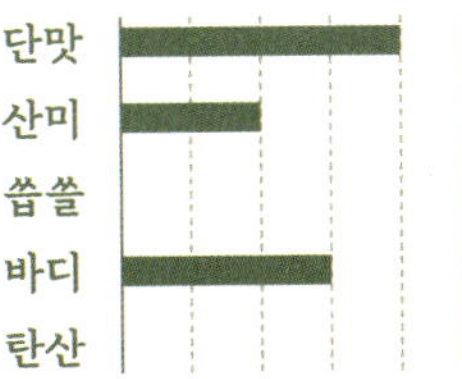

페어링 새우튀김, 갈비찜, 곶감치즈말이

경성과하주는 1670년 《음식디미방》에 기록된 전통 과하주 제조법을 현대적으로 복원한 술입니다. 과하주는 발효 도중 증류주를 더해 도수를 높이고 여름철에도 상하지 않도록 고안된 조선시대의 지혜가 담긴 술입니다. 여주산 햅찹쌀과 국내산 누룩, 정제수로 빚은 술에 상압식 동증류기로 만든 쌀 증류주를 더한 뒤, 저온 숙성하여 완성됩니다. 청사과와 흰 꽃을 닮은 향, 진한 단맛과 부드러운 목 넘김이 특징이며, 높은 도수에도 깔끔한 마무리가 돋보입니다. 제작자인 강진희 대표는 과하주의 매력에 반해 술아원을 설립하고 계절마다 꽃 향을 더한 과하주를 개발 중입니다. 전통과 현대가 조화를 이룬 복원 전통주의 모범 사례라 할 수 있습니다.

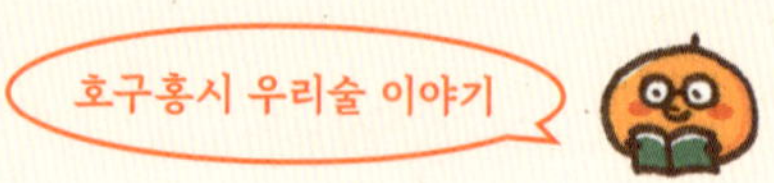

과하주는 여름을 나기 위해 만들어진 술로

더운 날씨에도 술이 상하지 않도록
발효주(청/약주)에 증류주(소주)를
더해 발효를 멈추고 도수를 높인
전통방식의 술이에요.

포르투갈 포트와인 제조 방식과
거의 유사하지만 우리나라
과하주의 역사가 100년
더 앞섰다고 해요.

무려 이순신 장군님의
난중일기에도 과하주가 나온답니다.

두두물물 약주

선가의 지혜를 담은 박록담류(流) 전통약주

농업회사법인 주식회사 수블가

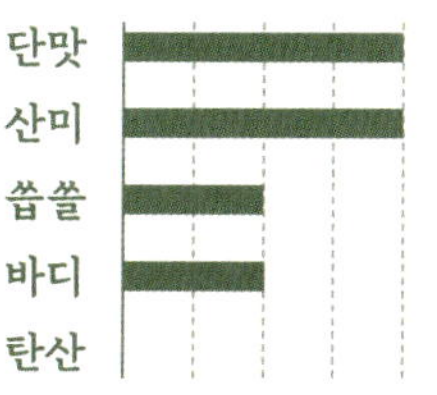

주종 약주(순곡주) **도수** 15% **원재료** 찹쌀, 멥쌀[국내산], 전통누룩[국내산 밀], 정제수

테이스팅 노트

향 꿀, 배, 멜론, 솔잎
맛 단맛, 신맛, 부드러운

단맛	▇▇▇▇▇▇
산미	▇▇▇▇▇▇
쓴쓸	▇▇▇
바디	▇▇▇▇
탄산	

페어링 회, 숙성회, 건나물, 버섯구이

두두물물이라는 이름에 마음이 멈춥니다. 이 술은 조선시대 익산의 전통주 '호산춘'을 오늘의 방식으로 되살린 약주입니다. 두두물물은 전통주 연구가 박록담 선생이 붙인 이름으로, '모든 만물이 곧 도이자 진리'라는 뜻을 담고 있습니다. 용인의 멥쌀과 찹쌀을 300번 이상 씻고 발효 온도를 정밀하게 관리하여 옹기 항아리에서 100일 넘게 천천히 발효와 숙성을 거칩니다. 첫 향에서는 연한 꿀과 배, 멜론 같은 과실 향이 느껴지고 마지막에는 솔잎처럼 맑은 향이 살며시 남습니다. 향과 맛이 다채롭고 정갈하며, 모든 재료와 과정이 고요하고 정직합니다. 시간과 정성으로 빚은 이 술은 그 이름처럼 한 모금의 선(禪)과 같습니다.

마루나 약주

단양주에서 느껴지는 과실 향과 기분 좋은 산미

아토양조장 농업회사법인 주식회사

주종 약주　　**도수** 13%　　**원재료** 쌀(경기미), 정제수, 누룩 [밀함유]

테이스팅 노트
향 포도, 매화, 누룩, 꿀
맛 단맛, 신맛, 부드러운, 목 넘김, 균형감

단맛	
산미	
씁쓸	
바디	
탄산	

페어링 족발 & 보쌈, 견과류, 치즈

첫 잔부터 끝까지, 한결같이 깔끔한 술. 마루나 약주는 경기도 용인에서 자란 백옥쌀과 누룩으로 빚은 단양주입니다. 단양주는 단 한 번의 발효로 완성되는 까다로운 방식인데요. 그만큼 술맛은 섬세하고 정직합니다. 이 술은 감미료도, 구연산도 넣진 않았지만 쌀만으로 입안에 남는 텁텁함 없이 맑고 청량한 인상을 남깁니다. 포도 같은 은은한 과일 향과 부드럽고 밸런스가 좋은 산미, 그리고 자연스러운 단맛이 입안에서 균형 있게 어우러집니다. 양조장 이름 '아토(雅추)'는 '바르게 나아간다'는 뜻을 담고 있다고 하는데요. 깔끔하고 정제된 풍미 덕분에 어떤 음식과도 조화를 이루고, 식탁을 조금 더 즐겁고 기분 좋게 만들어 줍니다.

미루나 약주

용인시 동백동 도심 속에 자리한 노란 간판의 양조장.

예쁜 카페 같지만
양조장이랍니다!

간단히 집 근처 산책하다가
갓 만든 신선한 막걸리를 맛볼 수 있는 곳.

멜라 퍼플 과하주

마시는 과일, 한국의 포트와인

농업회사법인 한통술 이노베이션(주)

주종 약주　　**도수** 13%　　**원재료** 정제수, 기찬쌀(국내산), 조(좁쌀(국내산)), 설향곡누룩(기찬쌀(국내산), 우리밀(국내산)), 증류주원액(기찬쌀, 향온곡), 벌꿀(국내산), 포도과즙(국내산), 실론시나몬(스리랑카산), [밀함유]

테이스팅 노트

향 자두, 계피, 꽃, 벌꿀, 누룩

맛 단맛, 신맛, 감칠맛, 부드러운, 여운

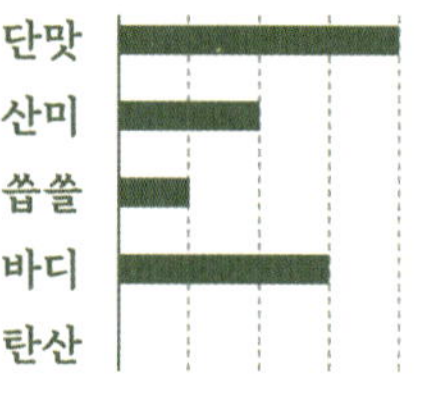

페어링 치즈, 타코, 떡볶이, 과일

멜라 퍼플 과하주는 한국 전통 과하주를 현대적으로 재해석한 술로, 약주에 증류주를 더해 여름철에도 상하지 않도록 만든 전통주입니다. 경기도 동두천의 포도, 포천의 기찬쌀, 천연 벌꿀 등 국내산 재료를 사용해 빚었으며, 전통주 마스터 김용완이 25년간 누룩 연구를 바탕으로 완성했습니다. 핵심은 설향곡 누룩으로, 50일간 발효한 이화곡을 우리밀과 섞어 다시 50일 발효시키는 방식으로 만들어져 당화력이 높고 술맛이 부드럽습니다. 이 누룩은 술에 꽃향기와 과일 풍미를 더해 멜라 퍼플 특유의 깊은 맛을 완성합니다. 짙은 퍼플빛과 포도, 시나몬 향이 어우러져 우아한 풍미를 지닌 이 술은 하루를 마무리하는 순간에 잘 어울립니다.

순향주

100일간의 정성이 빚어낸, 드라이한 오양주 순향주

(주) 농업회사법인 추연당

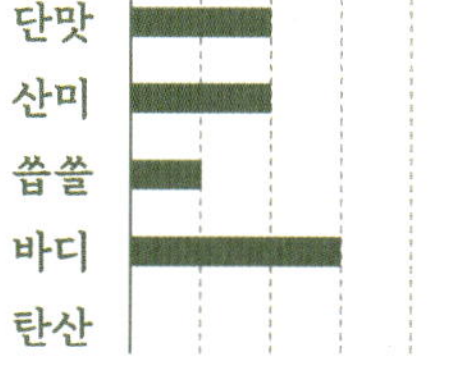

주종 약주　　**도수** 15%　　**원재료** 쌀(경기·여주 100%), 정제수, 누룩

테이스팅 노트
향 배, 누룩, 꿀, 밀, 요거트
맛 감칠맛, 단맛, 신맛, 부드러운

단맛
산미
쌉쌀
바디
탄산

페어링 돼지고기 수육, 해산물 요리, 전, 피자, 샐러드

순향주는 단맛으로 자신을 치장하지 않아도 품격이 드러나는 술입니다. 질 좋기로 유명한 경기도 여주쌀과 전통 밀 누룩, 그리고 맑은 물만을 써서 다섯 번에 걸쳐 오양주 방식으로 빚습니다. 멥쌀을 중심으로 빚어 단맛보다는 드라이한 맛이 특색이며, 적당한 감칠맛과 산미가 고소한 곡물 향과 균형 있게 어우러집니다. 가볍지도 무겁지도 않은 질감과 부드러운 목 넘김은 마실수록 편안함을 더해줍니다. 기억에 남는 건 화려한 단맛이 아니라, 곡물 본연의 정직한 풍미와 입 안을 정갈하게 정리해 주는 여운입니다. 어떤 음식과도 부딪히지 않고 어울리는 이유는 이 술이 스스로를 과하게 드러내지 않기 때문인 듯합니다. '맛을 꾸미기 보단 완성하는 술'입니다.

아리아리

길을 내어가는 맛의 산뜻한 약주, 아리아리

농업회사법인 제이앤제이브루어리 유한회사

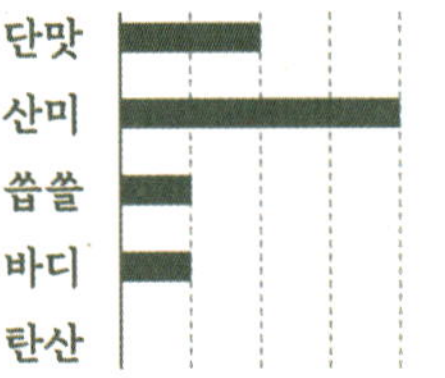

주종 약주　**도수** 12%　**원재료** 쌀(용인쌀), 국, 효모, 정제수, [밀함유]

테이스팅 노트
향 사과, 멜론, 포도, 누룩, 캐러멜
맛 단맛, 신맛, 부드러운, 균형감

단맛	
산미	
쏩쏠	
바디	
탄산	

페어링 해산물 (생선회), 샐러드, 치즈 플레이트

첫맛은 화이트와인처럼 가볍고, 끝맛은 누룩과 캐러멜의 은은한 단맛이 남는 깔끔한 술, 바로 아리아리입니다. '아리아리'는 우리말로 "길을 내어가다" 또는 "파이팅"을 뜻한다고 하는데요. 함께 술을 나누며 서로를 응원하자는 마음이 담겨 있다고 합니다. 인공 감미료 없이 경기도 용인에서 자란 쌀과 전통 누룩, 깨끗한 물만으로 빚어 맛이 담백하고 깔끔하며, 한 잔 안에 과일의 산미와 곡물의 고소함이 자연스럽게 어우러집니다. 한 모금 머금으면 포도, 사과, 멜론, 복숭아 향이 가볍게 피어나고 뒤이어 부드러운 단맛이 조용히 따라옵니다. 소믈리에 출신 양조가가 만든 이 술은 전통과 감각 사이, 정확한 균형을 보여 줍니다.

월간온지

매달 새로운 누룩으로 빚는 내추럴 라이스 와인

(주)농업회사법인온지술도가

주종 약주　　**도수** 14.5%　　**원재료** 정제수, 찹쌀(국내산), 월화곡(자가누룩:국내산)

테이스팅 노트
향 파인애플, 붉은 사과, 매실, 요거트
맛 단맛, 신맛, 감칠맛, 부드러운

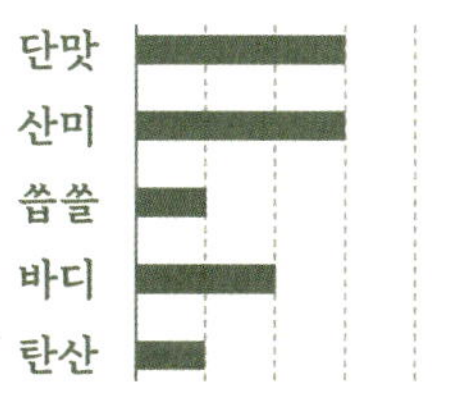

페어링 해산물 요리(굴, 새우구이 등), 바지락술찜, 조개찜

서울 은평구의 작은 양조장 '온지술도가'에서 매달 단 한 번, 새로운 술이 태어납니다. 이름도 예쁜 '월간온지'입니다. 이 술의 특징은 매달 바뀌는 원료 조합과 누룩, 그리고 그에 따라 달라지는 향미입니다. 이름처럼 매달 새로운 맛을 선보이는 콘셉트를 갖고 있으며, 자가누룩 '월화곡(月花麴)'을 사용해 빚습니다. 제조 방식은 단양주 방식이며, 60일간 저온에서 발효하고, 이후 90일 이상 숙성 과정을 거칩니다. 이 과정을 통해 산뜻한 시트러스 계열의 산미와 찹쌀 특유의 은은한 단맛이 균형 있게 어우러진 풍미를 완성합니다. 마셨을 때는 파인애플, 잘 익은 사과, 허브를 연상시키는 과일 향이 느껴지며, 뒷맛은 깔끔합니다.

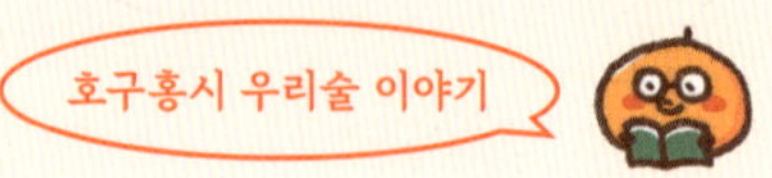

이번 달 잡지 나왔나요?

아, 월간온지 말씀이시군요!

이번 달은 새로운 누룩으로
또 다른 맛이에요!

12개월 12가지 맛으로
매월 새롭게!

매달 라벨은 매월 조금씩 달라지는
달의 모양을 형상화한 스티커로 구별할 수 있답니다.

천비향 약주

다섯 번 깨워 9개월 숙성시킨 프리미엄 오양주

농업회사법인(주)좋은술

주종 약주　**도수** 15%　**원재료** 쌀(평택산 100%), 정제수, 누룩(국내산) [밀함유]

레이스팅 노트

향 연꽃, 배, 복숭아, 누룩, 꿀
맛 단맛, 신맛, 감칠맛, 부드러운, 여운

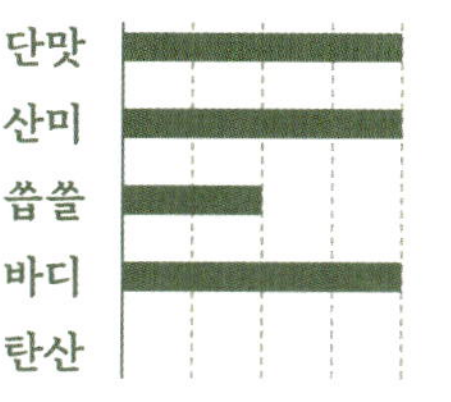

단맛	▇▇▇▇
산미	▇▇▇▇
쑵쓸	▇▇
바디	▇▇▇▇
탄산	

페어링 도미찜, 한우육회, 항정살스레이크

오양주는 쌀, 물, 자가 누룩만을 사용해 다섯 번의 발효를 거쳐 만드는 고급주로, 예부터 양반가에서 즐기던 귀한 술인데요. 천비향 약주는 전통 오양주 방식으로 빚어진 약주입니다. 평택 슈퍼오닝 쌀을 사용하고, 발효만 100일, 숙성은 최소 9개월 이상 진행해 쌀의 깊은 단맛과 과일 향이 조화를 이룹니다. (주)좋은술의 이예령 대표가 전통 방식만으로 만들어낸 이 술은 첨가물 없이 묵직하면서도 부드러운 맛, 달콤한 여운이 인상적입니다. 도수는 15도로 시원하게 혹은 온더락으로 마시면 풍미가 더욱 부드러워집니다. 정성과 시간이 빚어낸 천비향 약주는 깊이 있는 맛과 품격을 지녀, 소중한 이들과 함께하는 자리에 어울리는 술입니다.

호구홍시 우리술 이야기
1담
2담
3담
4담
5담
별이 다섯 개!
100일 동안 다섯 번 빚어 만드는
오양주 천비향 약주!

양조학당 녘

화이트 와인과 같은 청량감과 달콤한 향의 청주

농업회사법인 주식회사 한국양조연구소

주종 청주　　**도수** 13%　　**원재료** 멥쌀, 찹쌀, 백국, 효모, 솔잎, 쑥, 정제수

테이스팅 노트

향 청사과, 솔잎, 쑥, 생쌀, 매화

맛 단맛, 신맛, 청량감, 부드러운, 깔끔한, 목 넘김

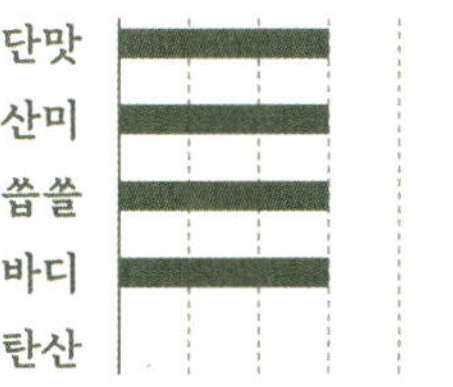

단맛
산미
씁쓸
바디
탄산

페어링 칼국수, 조개탕, 콩나물 국밥

마셨을 때 햇살 내리쬐는 소나무 숲을 떠올리게 하는 술이 있습니다. 양조학당의 '녘'은 고문헌 《향약집성방》에 기록된 용호주(龍虎酒)의 주조법을 현대적으로 재해석해 만든 청주입니다. 쑥과 솔잎을 더해 만든 이 술은 쌀의 고소함과 함께 은은한 허브 향이 조화롭게 어우러집니다. 알코올 도수는 13도로, 차갑게 마시면 쑥 특유의 쌉쌀함과 솔잎의 시원한 향이 깔끔한 여운을 남깁니다. 발효는 단 한 번만 거치는 단양주 방식으로, 간결하면서도 깊이 있는 맛을 구현했습니다. 전통 효능이 담긴 약술의 맥을 현대적으로 계승한 셈입니다. 몸을 따뜻하게 하고 소화를 돕는 쑥과 솔잎의 성질 덕분에 일상 속에서 가볍게 즐기기에 적합합니다.

감홍로

달콤하고 붉은 조선의 전통, 감홍로

농업회사법인(주)감홍로

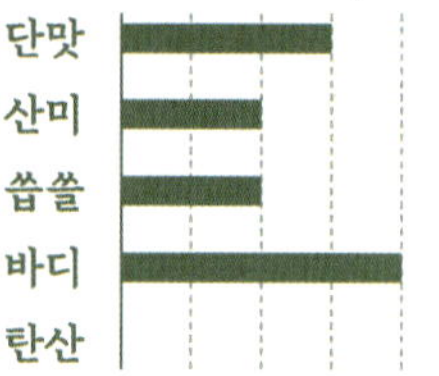

주종 일반증류주　　**도수** 40%　　**원재료** 정제수, 쌀(국내산), 조(수입산), 용안육, 계피, 진피, 정향, 생강, 감초, 자초

....

테이스팅 노트
향 계피, 대추, 인삼, 생강, 박하(민트)
맛 단맛, 쏩쏠함, 균형감, 목 넘김, 무게감

단맛	▇▇▇
산미	▇
쏩쏠	▇
바디	▇▇▇
탄산	

페어링 육회, 황태구이, 바닐라 아이스크림

감홍로는 달고 붉은 이슬이라는 이름처럼 깊은 단맛과 붉은빛이 돋보이는 조선 3대 명주 중 하나입니다. 고려 시대부터 이어져 내려온 이 술은 조선 후기 평양 지역에서 귀한 약재로 빚어졌으며, 1890년대 실학자 최남선이 조선 최고의 명주로 꼽았습니다. 현재는 전통식품 명인 제43호 이기숙 명인이 경기도 파주에서 그 전통을 잇고 있습니다. 쌀과 좁쌀로 빚은 술에 계피, 진피, 용안육, 정향, 생강, 감초, 자초 등 7가지 약재를 더해 1년간 숙성하여 완성되며, 향긋한 풍미와 함께 선명한 색감을 자랑합니다. 40도의 도수에도 부드러운 목 넘김을 느낄 수 있으며, 겨울철 따뜻한 물에 섞어 마시면 약재의 향을 즐길 수 있습니다.

향단아, 감홍로를 가져오거라.

춘향가 속에서 춘향이 이몽룡에게
이별주로 건넨 술이 바로 감홍로예요.

'춘향이가 선택한 조선 3대 명주'

별주부전에도 나와–

감홍로

독산30

오산 세마쌀로 빚은 독산성의 명물 증류주

농업회사법인 오산양조(주)

주종 증류식 소주   **도수** 30%   **원재료** 물, 쌀(국내산), 국, 효모 [밀함유]

테이스팅 노트
향 갓 지은 밥, 누룩, 바나나, 매실, 꿀
맛 단맛, 무게감, 부드러운, 여운(지속성)

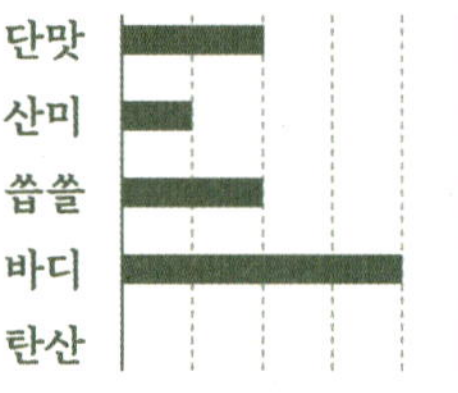

페어링 연포탕, 흰살생선회, 육포, 깐풍기, 양갈비, 곱창구이

오산 독산성의 능선을 닮은 깊고 묵직한 지역 대표 증류식 소주가 독산 30입니다. 지역 대표 쌀인 세마쌀을 원료로 사용하여 전통 상압식 증류 방식을 통해 구수하고 알싸한 풍미를 살려냅니다. 증류 후에는 전통 옹기에서 100일 이상 숙성됩니다. 도수는 30%로 비교적 높은 편이지만, 쌀 고유의 고소한 향미와 은은한 과일 향이 조화롭게 어우러져 목 넘김이 부드럽고 풍미가 깊습니다. 너무 차갑게 마시면 향이 줄어들 수 있기 때문에, 적당히 차가운 상태나 온더락으로 음용하는 것을 추천합니다. 오산양조는 농가 소득을 높이기 위해 세마쌀 소비를 촉진할 수 있는 전통주 체험과 교육 프로그램을 운영하고 있는 지역 대표 양조장입니다.

려 증류소주40

깊고 부드러운 고구마 향이 가득한 옹기 숙성 소주

(농)국순당 여주명주(주)

주종 소주(증류소주)　**도수** 40%　**원재료** 고구마증류소주원액[고구마(여주산100%)], 정제수

테이스팅 노트

향 고구마, 감귤, 풀, 갓 지은 밥
맛 감칠맛, 단맛, 균형감, 부드러운, 여운(지속성)

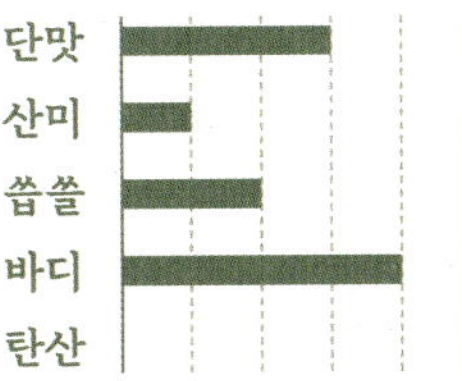

단맛
산미
쓴쓸
바디
탄산

페어링 동파육, 곱창구이, 고등어회

검은 말처럼 강인한 여주의 술, 려 고구마 증류소주 40%입니다. 초가을, 막 수확한 고구마 중 상처 없는 신선한 고구마를 골라 양 끝을 자르고, 단단한 몸통만 남깁니다. 고구마는 높은 온도의 상압증류로 증류해 구수하고 향긋한 풍미를 살리고, 쌀은 낮은 온도의 감압증류로 깔끔하고 부드러운 맛을 더합니다. 이렇게 각 재료의 개성을 살린 술은 옹기 속에서 천천히 숙성되며 묵직하면서도 정갈한 풍미를 완성합니다. 마시면 은은한 단맛이 퍼지고, 뒤이어 깊고 고소한 여운이 길게 남습니다. 기름진 음식과 곁들이면 입안이 깔끔하게 정리되는 느낌이 더욱 또렷해집니다. 한 모금마다 검은 말처럼 단단한 이 술에 여주의 사계절이 담겼습니다.

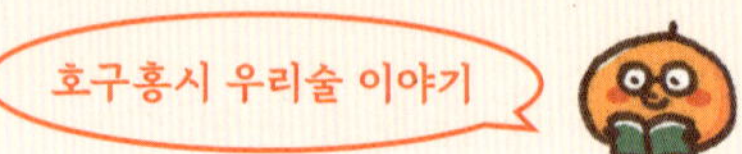

호구홍시 우리술 이야기

나는 향긋함을 위해
상압증류로!
나는 깔끔함을 위해
감압증류로!
1년 숙성하여
완성!

부자진 서울 배치 #0001 (시그니처 진)

신선한 허브와 시트러스가 어우러진 수제 진

———

(주)부자진농업회사법인

주종 일반증류주(진)　　**도수** 44%　　**원재료** 진원액 100%(국내산)

- - - - - - - - - - - - - - - - - - -

테이스팅 노트
향 한라봉, 솔잎, 쑥, 허브, 계피
맛 감칠맛, 단맛, 쓴쓸함, 자극적인, 여운

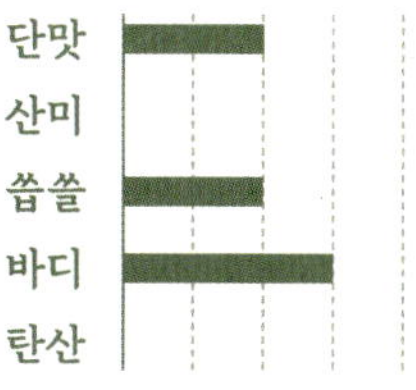

페어링 조개탕(스트레이트), 꼬치구이/연어/흰살생선회(온더락), 견과류/치즈/카나페(칵테일)

부자진 시그니처 진은 경기도 양평에서 태어난 한국형 수제 진입니다. 아버지가 일군 유기농 허브 재배 노하우와 아들의 숙련된 증류 기술이 만나 탄생했으며, 첫 모금에서 느껴지는 한라봉의 산뜻함, 곧이어 솔잎과 쑥의 한국적 향취가 입안을 감싸고, 끝에서는 허브의 복합적인 여운이 길게 남습니다. 엄선된 15가지 국내산 허브, 노간주열매와 한라봉, 그리고 정성스러운 손길이 더해져 한국적인 향과 맛을 담아냅니다. 44도의 부자진은 와인잔에 스트레이트로 순수한 향을 음미하거나 토닉워터를 곁들여 칵테일로도 즐길 수 있습니다. 시그니처 진을 시작으로 앞으로도 부자진의 끊임없는 연구와 도전, 한국 진의 새로운 가능성이 기대됩니다.

농촌을 사랑하는　　술을 사랑하는
허브 전문가 아버지와,　증류 기술 전문가 아들이

함께 만들어낸 최고의 진

삼해 소주

1,000년 역사의 서울 대표 증류주

주식회사 농업회사법인 삼해소주

주종 소주(증류식)　　**도수** 45%　　**원재료** 정제수, 찹쌀, 멥쌀, 누룩

테이스팅 노트
향 누룩, 꿀, 배, 국화
맛 단맛, 감칠맛, 부드러운, 여운(지속성)

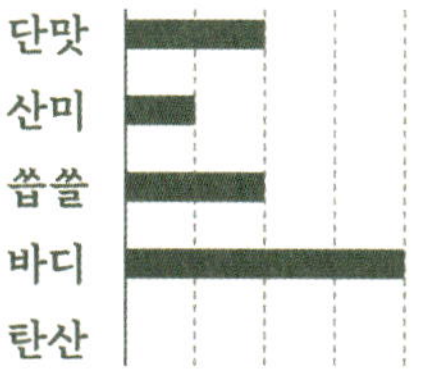

페어링 굴보쌈, 육사시미, 군만두, 편육, 조개탕, 갈비탕

서울을 대표하는 소주, 삼해소주는 이름처럼 세 번에 걸쳐 담그는 독특한 방식으로 빚어집니다. 정월 첫 돼지날, 첫 술을 담그고, 돼지날이 다시 돌아올 때마다 덧술을 두 번 더 얹어 총 삼해일(三亥日)의 정성을 거칩니다. 이 긴 발효 끝에 맑은 약주가 빚어지면 그것을 증류해 진짜 삼해소주가 태어납니다. 삼해소주는 45도의 높은 도수임에도 첫 향은 곡물과 누룩의 고소함, 입안에 머무는 은근한 과일 향, 그리고 깊은 목 넘김으로 이어집니다. 깊고 진한 향, 묵직한 뒷맛으로 소주 입문자보다는 소주 애호가들에게 추천하는 강렬한 소주이지요. 한해 3천 병가량 생산되는 술로 서울시 무형문화재 제8호로 보호를 받는 서울 대표술입니다.

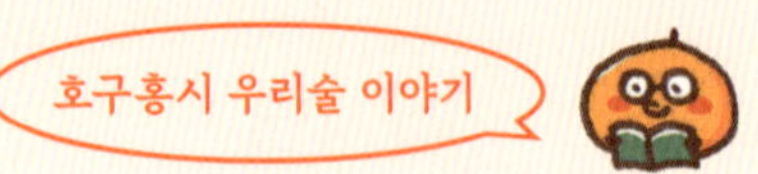

삼해 소주는 서울시 무형문화재 제8호로 지정된
유서 깊은 증류주로, 고려 시대 문헌에도 등장하며

조선 후기 마포에서
대량 생산되고
판매된 인기 소주였답니다.

사대부들은 물론
일반 백성들도
모두 즐겼었던
'진짜 서울의 술'!

소주다움27

어제보다 좋은 술을 위한 비움, 채움, 내림, 기다림

미음넷증류소 농업회사법인(주)

주종 증류식 소주 **도수** 27% **원재료** 쌀증류식 소주원액(쌀:국내산), 정제수

테이스팅 노트
향 살구, 청포도, 청귤, 풀
맛 단맛, 쏩쏠함, 부드러운, 무게감

페어링 삼겹살, 쇠고기 숯불구이, 한식 국물 요리

소주다운 소주를 만들겠다는 질문에 미음넷증류소는 그 답을 본질인 '쌀'에서 찾은 듯합니다. 소주다움27은 국내산 쌀로 빚은 증류식 소주입니다. 전통 상압 단식 증류 방식으로 두 번 이상 증류해 쌀의 묵직한 바디감과 향을 최대한 끌어올렸습니다. 누룩은 손으로 직접 띄우는데요. 64시간 이상 발효한 노국은 시간이 지날수록 바닐라 향을 만들어내는 효소를 풍부하게 품는다고 합니다. 잔을 들어 향을 맡으면 청포도와 찔레꽃, 살구꽃의 향이 스쳐 지나갑니다. 입에 머금으면 시트러스한 청귤 향과 은은한 단맛이 입술을 적십니다. 목으로 넘기고 나면 부드러운 쌉쌀함이 혀끝에 맴돌고, 마지막에는 가볍지 않은 알코올 기운이 천천히 올라옵니다.

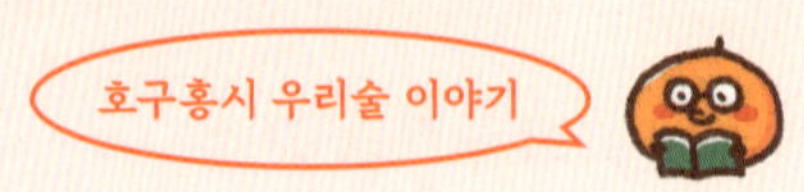

미음'넷'증류소의 'ㅁ' 네 개는
장기 숙성 증류주를 만드는 순서를 의미한다고 해요.

소주다움27은 고향의 봄을
모티브 삼아 만든
한국적인 소주라고 합니다.

코아베스트 보쉐

캐러멜화한 벌꿀의 진하지만 경쾌한 달콤함

농업회사법인(주)코아베스트

주종 기타주류 **도수** 11.5% **원재료** 정제수, 꿀(국내산), 효모, 효모추출물

테이스팅 노트
향 캐러멜, 벌꿀, 청포도
맛 단맛, 산미, 부드러운, 무게감

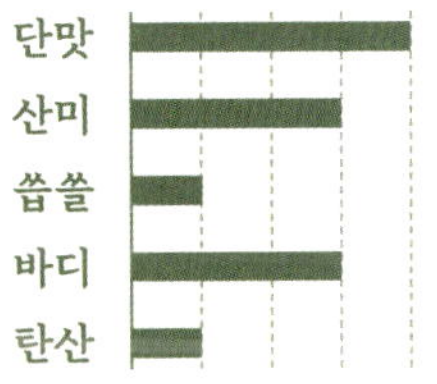

단맛
산미
쓴쓸
바디
탄산

페어링 간장 찜닭, 치즈 플레터, 크림 파스타

높은 온도로 가열한 벌꿀은 더 깊고 진한 색과 향을 품습니다. 보쉐는 김포의 코아베스트브루잉에서 만든 캐러멜라이즈드 꿀술입니다. 국산 아카시아 꿀을 두세 시간 가열해 캐러멜화한 뒤 4~6주 동안 발효히고 한 달간 냉장 숙성해 완성합니다. 보쉐는 일반적 꿀술인 미드와 달리 가열된 꿀에서 청포도, 마시멜로 같은 향이 은근히 올라옵니다. 한 모금 머금으면 은은한 단맛과 기분 좋은 산미가 입안을 감돌고, 숙성 과정에서 형성된 부드러운 질감이 매력을 더합니다. 코아베스트브루잉은 '먹을 수 있는 모든 것은 술이 된다'는 신념 아래 보쉐를 포함한 다양한 지역 특산주를 연구하고 있습니다. 꿀의 달콤함에 시간과 열정이 더해진 술이네요.

허니문

꿀의 달콤함과 부드러운 목 넘김의 와인

아이비영농조합법인

주종 기타주류　**도수** 10%　**원재료** 정제수, 벌꿀(국내산) 33%, 건조 감귤껍질(국내산), 효모, 젖산

테이스팅 노트
향 꽃꿀, 청사과, 아카시아, 꿀
맛 단맛, 산미, 부드러운

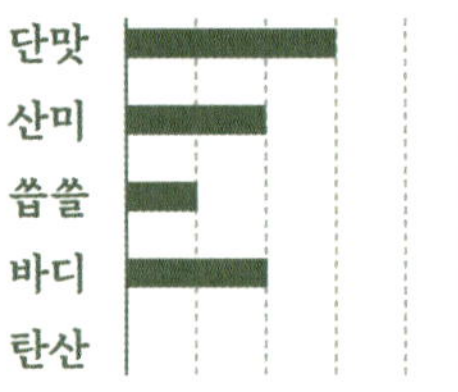

페어링 딸기, 마카롱, 약과, 피자, 토마토 카프레제

인류 최초의 술이라 불리는 '미드'는 8천 년 전통을 품은 특별한 꿀술입니다. 유럽에서는 신혼부부가 이 술을 마시며 다산과 행복을 기원했고, '허니문(Honeymoon)'이라는 말도 여기서 유래했다고 전해지는데요. 허니문 와인은 경기도 양평에서 채밀한 100% 국산 꽃꿀로 만든 미드입니다. 이 술에는 약 38%의 꽃꿀이 들어갑니다. 한 모금 머금으면 청포도 젤리를 닮은 싱그러운 단맛과 은은한 꽃 향이 입안을 부드럽게 감쌉니다. 인공 첨가물을 쓰지 않고, 오직 벌꿀만을 발효해 목 넘김은 깔끔하고 마신 뒤에도 은은한 단맛이 오래 남습니다. 시원하게 마시면 시트러스 향과 함께 상쾌함이 살아나 기분 좋은 식전주로도 제격입니다.

강원도

새냉이길 막걸리

솜사탕 같은 부드러움, 강릉 찹쌀 막걸리

———

주식회사 진정브루잉

주종 탁주　　**도수** 6%　　**원재료** 정제수, 찹쌀, 누룩[밀 함유]

테이스팅 노트

향 감귤, 참외, 모과, 요구르트
맛 단맛, 부드러운, 목 넘김, 여운

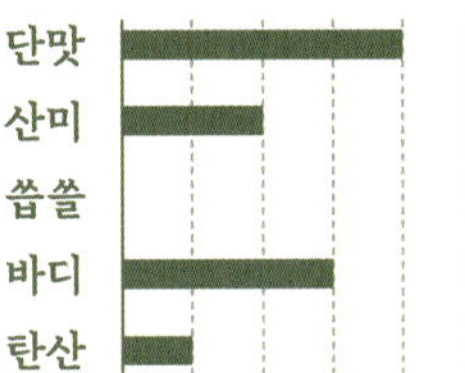

단맛	
산미	
쌉쓸	
바디	
탄산	

페어링 짬뽕 순두부, 해산물 요리

새냉이길 막걸리는 강원도 강릉의 양조장 진정브루잉에서 만든 탁주입니다. 감미료 없이도 강릉산 찹쌀 특유의 은은한 단맛을 살려 부드럽고 포근한 맛이 특징이며, 막걸리를 처음 접하는 사람도 부담 없이 즐길 수 있습니다. 이양주 방식으로 두 번에 걸쳐 덧술을 넣어 빚어 깊고 복합적인 풍미를 완성했고, 6주 이상 숙성해 감귤과 요구르트, 모과를 연상시키는 상큼한 향을 담았습니다. '새냉이길'이라는 이름은 억새풀이 자라던 구릉지 '새냉이골'에서 유래했으며, 그 마을의 정겨운 분위기를 담고 있습니다. 진정브루잉은 지역 농산물과 전통 누룩을 바탕으로 지속 가능한 전통주를 빚으며, 강릉의 향토성과 현대적 감각을 함께 전하고 있습니다.

양지백주

산미와 고소함의 롤러코스터, 30일의 기다림으로 완성된 삼양주

양지술곳간

주종 탁주(삼양주)　　**도수** 15%　　**원재료** 정제수 (48.8%), 찹쌀(국내산, 39%), 멥쌀(국내산, 7.8%), 밀누룩 (4.4%)

테이스팅 노트

향 잣, 요거트, 누룩, 감귤, 갓 지은 밥
맛 감칠맛, 단맛, 신맛, 부드러운, 쓴맛

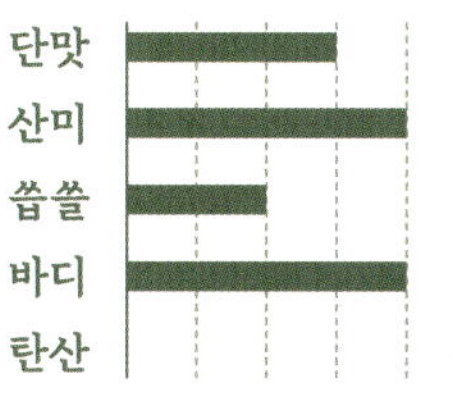

페어링 닭볶음탕, 고추장 찌개, 콩나물 무침

양지백주는 강원도 양양군에서 빚어지는 전통 삼양주입니다. 청정한 자연에서 자란 국산 찹쌀과 멥쌀, 직접 띄운 전통 누룩만을 사용한 순곡주로, 첨가물 없이 세 번의 담금 과정을 거쳐 정성스럽게 완성됩니다. 30일간 발효 후 30일간 저온 숙성하며 깊고 진한 풍미를 만듭니다. 고소한 잣 향과 은은한 쌉쌀함, 산뜻하고 강렬한 산미가 어우러져 부드럽고 묵직한 바디감의 긴 여운을 남깁니다. 설악산 자락의 맑은 물과 자연환경 속에서 양양술곳간의 정성이 담긴 결과물입니다. 양지백주는 특별한 날에도 일상의 순간에도 기분 좋게 부담 없이 즐길 수 있는 술입니다. 자연을 닮은 맛과 정성, 전통의 품격이 어우러진 한 잔입니다.

얼떨결에 퍼플

톡톡 터지는 포도막걸리, 청량한 스파클링의 매력

———

동강주조

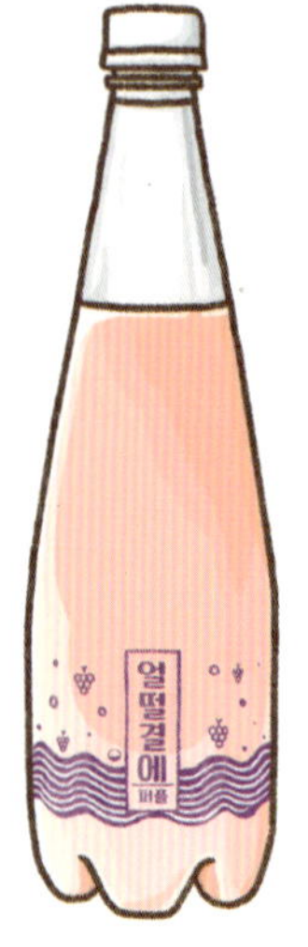

주종 탁주　　**도수** 6%　　**원재료** 쌀(국내산), 찰보리쌀(국내산), 포도즙(포도 100%, 국내산), 정제수, 정제효소, 효모, 젖산(산도조절제), 기타과당, 곡자(밀), [밀함유]

테이스팅 노트
향 포도, 찰보리, 살짝 누룩, 청사과
맛 단맛, 신맛, 부드러운, 청량감, 목 넘김

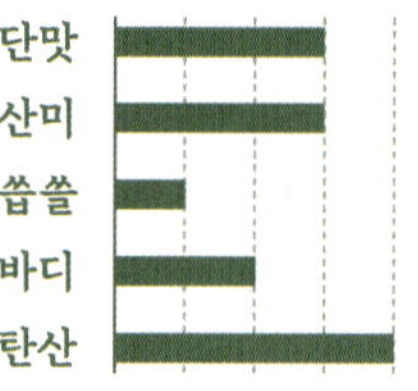

페어링 피자, 까르보나라, 맥앤치즈, 삼겹살

얼떨결에 퍼플은 강원도 영월 동강주조에서 만든 천연 탄산 스파클링 막걸리입니다. 동강주조는 맥주 양조 기법을 도입해 전통과 현대를 접목한 막걸리를 선보이며, 이 제품은 영월산 캠벨 포도, 유기농 찰보리쌀, 햅쌀을 저온 발효해 산뜻한 맛을 구현했습니다. 탄산을 인위적으로 주입하지 않고 발효 과정에서 자연 발생한 탄산을 병입해 완성하며, 포도의 새콤달콤함과 보리의 고소한 풍미가 어우러져 청량하고 깔끔한 맛을 자랑합니다. 맥주처럼 가볍고 산뜻해 일반 막걸리보다 덜 부담스럽고, 치즈·피자·삼겹살 등 느끼한 음식과도 잘 어울립니다. 포도주 대용으로도 훌륭하며, 개봉 시에는 흔들지 말고 천천히 열어야 탄산이 넘치지 않습니다.

오래된 노래

술과 음악에 취하는 감성 막걸리

농업회사법인(주)우창

주종 탁주　**도수** 10%　**원재료** 정제수, 멥쌀(철원 오대쌀), 매화(국내산), 국(국내산), 효모

....

테이스팅 노트

향 매화, 매실, 멜론

맛 단맛, 부드러운, 균형감

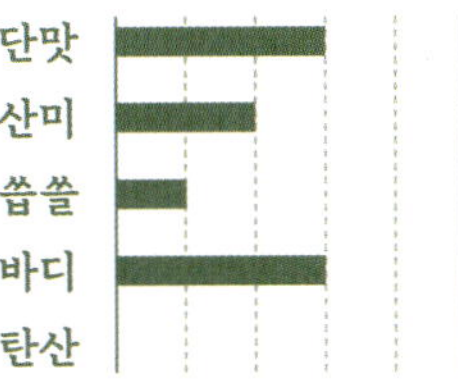

페어링 카나페, 샐러드

막걸리에도 플레이리스트가 있다면 이 술이 첫 곡에 수록될 것 같습니다. 오래된 노래 막걸리는 음악 그룹 스탠딩 에그와 두루미양조장이 함께 만든 탁주입니다. 철원 오대미, 추가령 지구곡의 화산 암반수, 그리고 봄날에 수확한 매화 꽃잎까지 국내산 재료로 빚으며 삼양주 방식으로 40일간 발효하고 또 40일을 숙성하여 술맛을 가다듬습니다. 향을 맡으면 곡물 향이 은은하게 베이스를 깔고, 매화꽃과 매실의 화사한 향이 그 위를 맴도는 듯합니다. 입 안에서는 달콤하고 시원한 멜론 뉘앙스가 피어나고 끝맛은 깔끔하게 떨어집니다. 벌컥 마시기보다는 와인잔에 따라 조금씩 천천히 향을 느끼며 음악과 함께 섬세하게 즐기시길 권해드립니다.

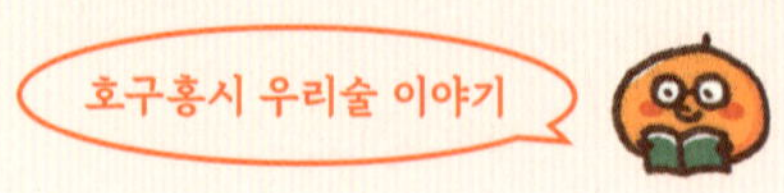

감성적인 음악과 페어링이 되는 막걸리가 있다?

라벨에는 스텐딩에그의
노래 가사와

'술 마실 때 듣기 좋은 플레이리스트'들을
감상할 수 있는 QR코드가 담겨 있답니다.

술에도 취하고 음악에도 취하면 더 좋으니까.

칠위드미

대마씨에서 느껴지는 견과류 풍미의 이색 막걸리

마마스팜 영농조합

주종 탁주　**도수** 12%　**원재료** 찹쌀 20.76%, 멥쌀 25.13%, 누룩 4.92%, 정제수 44.80%, 옥수수 1.64%, 감자 1.64%, 삼씨앗 1.09%, 효모 0.01%, 정제효소제 0.01%

테이스팅 노트

향 잣, 해바라기씨, 대마씨, 누룩

맛 단맛, 기름진, 무게감, 톡 쏘는 맛(탄산), 씁쓸함

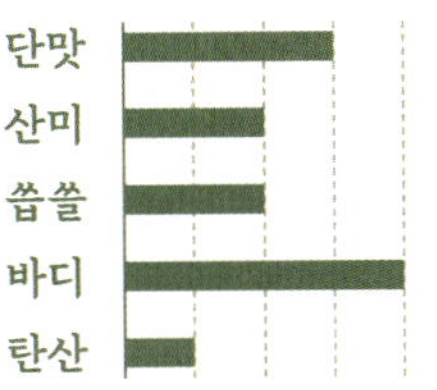

페어링 제육볶음, 삼겹살, 매운 닭발, 떡볶이

칠위드미는 강원도 홍천에서 생산된 독특한 원재료의 막걸리로, 대마씨인 햄프씨드를 사용한 이색 전통주입니다. 햄프씨드는 환각성분이 없는 안전한 식품으로, 오메가-3 등 영양소가 풍부해 슈퍼푸드로도 꼽힙니다. 고소한 잣 향과 비슷한 풍미를 지닌 햄프씨드는 찹쌀, 멥쌀, 옥수수, 감자 등과 어우러져 진하고 묵직한 질감을 더합니다. 마마스팜은 청정 홍천의 물과 누룩을 활용해 대마씨 특유의 은은한 풀 향과 스파이시한 풍미를 살렸습니다. 알코올 도수 12도로 적당한 무게감과 기름진 마우스필, 쌉쌀한 여운이 특징이며, 한식, 분식과도 매우 잘 어울립니다. 150일간 보관 가능하며, 숙취 부담 없이 즐길 수 있는 담백한 막걸리입니다.

서주(감자술)

감자의 담백함과 깔끔한 맛이 살아있는 전통술

오대서주양조장

주종 살균약주　　**도수** 13%　　**원재료** 정제수, 쌀(국산), 감자(국산)25.63%, 누룩(밀), 효모 [밀곡류 함유]

테이스팅 노트
향 누룩, 풀, 갓 지은 밥
맛 단맛, 신맛, 쓴맛, 무게감

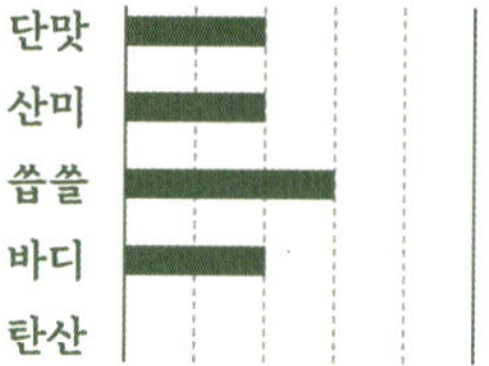

페어링 감자전, 참치회, 메밀전병, 수제비

서주 감자술은 강원도 평창의 고랭지 감자와 오대산 암반수로 빚은 약주입니다. 서주라는 이름은 감자를 뜻하는 '서(薯)'에서 유래합니다. 이 술은 화전민이 감자밥과 곡자를 섞어 만들던 전통에서 시작하는데요. 1980년대 전통주 복원 사업을 통해 부활했고, 1990년대 홍성일 대표가 오대서주양조장을 설립하며 본격적으로 생산되었습니다. 찐 감자에 누룩을 섞고, 멥쌀로 만든 고두밥을 밑술로 사용해 저온 장기 발효 방식으로 제조되며, 첨가물 없이 감자와 쌀만으로 빚어 자연스럽고 부드러운 맛이 특징입니다. 감자의 고소함과 은은한 산미, 쌉쌀한 여운이 어우러져 13도의 도수에도 불구하고 끝맛이 화이트와인처럼 깨끗합니다.

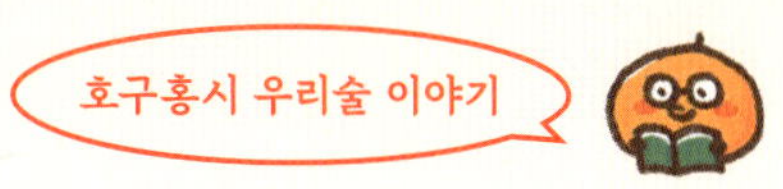

땅속의 사과라고 불리는 평창에서 자란
영양 풍부한 감자로 만든 술.

과거 화전민들이 감자밥을 지어 먹고
남은 것에 곡자를 섞어 먹던
농민주의 명맥을
이은 술이랍니다.

POTATO WINE
25%가 감자

모월 인

맑은 물과 토토미 쌀로 빚어낸 고(高)도수 증류주

협동조합 모월

주종 증류식 소주　　**도수** 41%　　**원재료** 정제수, 쌀(강원 원주산), 밀누룩 [밀함유]

테이스팅 노트
향 누룩, 쌀, 대추, 계피
맛 부드러운, 목 넘김, 깊은 단맛, 쏩쏠함, 무게감, 여운

페어링 삼겹살, 두루치기, 숯불 돼지구이

모월 인 41도는 강원도 원주에서 생산되는 고(高)도수 증류식 소주로, 협동조합 모월이 원주의 청정 쌀 '토토미'와 맑은 물, 전통 누룩만을 사용해 빚은 술입니다. 숙취를 유발하는 초류와 후류를 과감히 제거하고, 유약 없는 전용 옹기에서 6개월 이상 숙성해 깊은 맛과 풍미를 완성합니다. 동증류기 상압 방식으로 증류된 이 술은 고도수임에도 부드러운 목 넘김과 깔끔한 뒷맛, 은은한 과일 향을 자랑합니다. 특히, 청량한 느낌 덕분에 부담 없이 즐길 수 있으며, 단순한 증류식 소주를 넘어 전통을 계승하고 현대적 감각을 더한 의미 있는 술로 평가받고 있습니다. 모월 인은 잔을 기울이는 순간, 한 지역의 정성과 철학을 느끼게 해줍니다.

무작53

지은 이 없는 하늘의 술

농업회사법인(주)예술

주종 증류식 소주   **도수** 53%   **원재료** 정제수, 쌀(국내산), 곡자(밀누룩)

테이스팅 노트

향 생쌀, 누룩, 곡물, 초콜릿, 열대과일

맛 감칠맛, 단맛, 쏩쓸함, 무게감, 여운

페어링 곱창전골, 참치회, 대구지리탕

무작 53은 조선시대 소주 '적선소주'를 현대적으로 재현한 증류식 소주입니다. 전통 방식대로 이양주로 두 번 빚은 뒤, 춘천산 찹쌀과 멥쌀을 사용해 2회 상압증류하고 5년 이상 숙성해 완성합니다. 알코올 도수누 53도지만 목 넘김이 부드럽고, 마신 뒤엔 꽃봉오리처럼 은은한 향이 퍼지는 것이 특징입니다. '무작'은 '지음이 없다'는 뜻으로, 하늘과 땅의 조화로 빚어졌다는 의미를 담고 있습니다. 전통 누룩을 사용해 깊고 자연스러운 맛을 내며, 5년간 옹기 숙성을 거쳐 풍미를 더욱 살렸습니다. 멥쌀을 더해 현대인의 입맛에 맞춘, 전통과 현대가 어우러진 소주로, 조선시대 양반들의 품격을 현대에 느낄 수 있는 술입니다.

번트 BORI25

스모키한 풍미와 부드러운 목 넘김이 어우러진 보리 증류주

브리즈앤스트림 유한회사 농업회사법인

주종 소주   **도수** 25%   **원재료** 보리(강원도 양양산 100%)증류원액, 정제수

레이스팅 노트
향 스모키한 보리, 누룽지, 구수한 향
맛 깊은 단맛, 보리차맛, 쓸쓸함, 부드러운, 목 넘김

단맛
산미
쓸쓸
바디
탄산

페어링 육류, 생선회, 오뎅탕, 조개찜

번트 보리 25는 강원도 인제군의 깨끗한 자연과 정성을 담아 완성된 개성 있는 증류주입니다. 브리즈앤스트림은 강원도 양양에서 자란 신선한 보리를 주원료로, 상압식 증류 기법을 통해 보리 본연의 깊은 맛을 유지하며 단 한 번 증류로 그 풍미를 극대화했습니다. 볶아낸 보리에서 나오는 스모키한 향과 구수한 보리차의 맛이 이 술의 가장 큰 매력입니다. 번트 보리 25는 1년간 옹기에서 숙성되어 목 넘김이 부드럽고 질감이 풍부하며, 첨가물 없이 자연 그대로의 재료만으로 만들어져 깔끔한 맛을 자랑합니다. 당류가 없고, 실온이나 따뜻하게 데워 마시면 보리의 구운 향과 은은한 단맛이 더욱 도드라지며 그 풍미가 입안에 오래 남습니다.

예밀와인 드라이

김삿갓면 망경대산의 청정 자연이 담긴 캠벨얼리 와인

예밀2리 영농조합법인

주종 과실주 **도수** 13% **원재료** 영월포도(국내산) 포도원액, 정백당, 효모, 메타중아황산칼륨(산화방지제), [이산화황 함유]

테이스팅 노트
향 자두, 붉은 사과, 장미, 대추, 풀
맛 떫은맛(수렴성), 신맛, 무게감, 균형감, 목 넘김

단맛
산미
쓴쓸
바디
탄산

페어링 한우, 삼겹살, 양념 없이 구운 고기류

예밀와인 레드 드라이는 강원도 영월 김삿갓면 예밀촌에서 재배한 고품질 캠벨얼리 포도로 만든 국내산 레드와인입니다. 이 지역은 망경대산과 덕가산 사이의 청정 환경과 큰 일교차 덕분에 당도(19Brix 이상)와 탄닌 함량이 높은 포도가 자랍니다. 누꺼운 껍질과 풍부한 폴리페놀을 지닌 이 포도는 물이나 주정 없이 100% 발효하고, 약 2주간의 알코올 발효와 1년 이상의 저온 숙성을 거쳐 깊고 진한 풍미를 자아냅니다. 특히 다른 지역의 캠벨얼리 포도에 비해 탄닌 성분이 많아 묵직한 무게감을 느낄 수 있으며, 특유의 산미와 조화를 이루어 상큼하면서도 깔끔한 맛이 특징입니다. 품격있는 식사 자리에서 조화롭게 즐길 수 있습니다.

홀리엠

달콤새콤한 오미자 향이 가득한 하이볼 리큐르

농업회사법인 두루(주)

주종 리큐르   **도수** 37%   **원재료** 증류원액(오미자-국내산), 오미자청(국내산), 정제수

레이스팅 노트
향 오미자, 장미, 감초, 달콤한 향
맛 단맛, 신맛, 쓴맛, 톡 쏘는 맛(탄산)

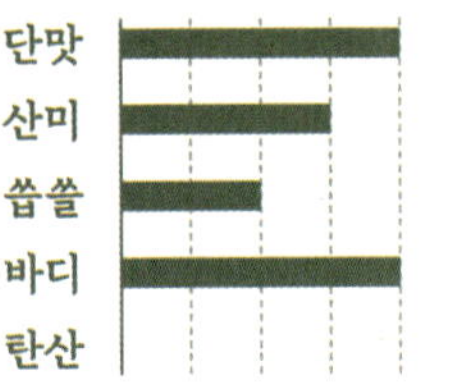

페어링 가리비 버터구이, 에그타르트, 후라이드 치킨

홀리엠(HOLY M)은 강원도 홍천의 붉은 오미자로 만든 37도 리큐르입니다. 'HOLY'는 신성함을, 'M'은 어머니를 상징하며, 오미자 농사의 정성과 노고를 담아낸 이름입니다. 오미자의 다섯 가지 맛(단맛, 신맛, 쓴맛, 매운맛, 짠맛)을 살려 향긋하고 달콤한 풍미를 완성했고, 감압 증류 방식으로 깔끔한 맛을 끌어냈습니다. 높은 도수에도 과실 향이 살아 있어 부담 없이 마실 수 있습니다. 탄산수와 섞으면 12도 내외의 오미자 하이볼로 즐길 수 있고, 샷이나 디저트용으로도 좋습니다. 두루양조는 귀농 후 쌓은 양조 노하우와 양조학 박사를 바탕으로 이 술을 완성했으며, 전통 재료와 현대 감각의 조화를 보여주는 리큐르입니다.

홀리엠

오미자는 다섯 가지 맛이 난다고 해서
오미자(五味子)라고 불리는데요.

샷으로도 맛있지만
탄산이 참 잘 어울리는
하이볼 전용 리큐르랍니다.

탄산수와 얼음으로 완벽한 하이볼 한잔

홀리엠

비왈츠 로지

5월 춘천 야생화 꿀과 장미의 만남, 로도멜

미더리봉자

주종 기타주류　**도수** 8%　**원재료** 정제수, 벌꿀(국내산), 유기농건조장미잎(국내산, 0.3%), 젖산, 효모, 효모영양제

테이스팅 노트
향 장미, 꿀, 리치, 오미자
맛 단맛, 신맛, 떫은맛(수렴성), 부드러운, 여운(지속성)

단맛
산미
쏩쏠
바디
탄산

페어링 카프레제 샐러드, 문어 샐러드, 크루아상, 바질 페스토 샌드위치, 과일 샐러드

비왈츠 로지는 국내 최초의 로도멜, 즉 꿀로 발효시킨 미드에 장미 꽃잎을 더한 술입니다. 강원도 춘천에서 직접 양봉한 아카시아 벌꿀과 무농약 유기농 장미를 사용하며, 천연 재료만으로 발효해 물리적 필터링을 거쳐 완성됩니다. 이 술은 은은한 장밋빛과 함께 장미의 향긋함이 어우러져 마시는 순간 봄날 정원에 있는 듯한 기분을 전합니다. 맛은 오미자청을 연하게 탄 듯한 가벼운 단맛에 부드러운 산미, 약간의 떫은맛이 조화를 이루며 다채로운 풍미를 선사합니다. 알코올도수는 8%로 술 특유의 쓴맛을 꺼리는 이들도 편하게 즐길 수 있으며, 브런치나 가벼운 디저트와 잘 어울립니다. 비왈츠 로지로 춘천의 자연과 장미향을 경험해보세요.

충청도

골목막걸리 프리미엄 12°

대중성과 프리미엄을 동시에 잡은 골목막걸리

농업회사법인 주로(주)

주종 탁주 **도수** 12% **원재료** 정제수, 쌀(국내산), 국, 효모, [밀함유]

테이스팅 노트

향 멜론, 바나나, 참외, 누룩, 꿀

맛 단맛, 감칠맛, 무게감, 부드러운, 여운(지속성)

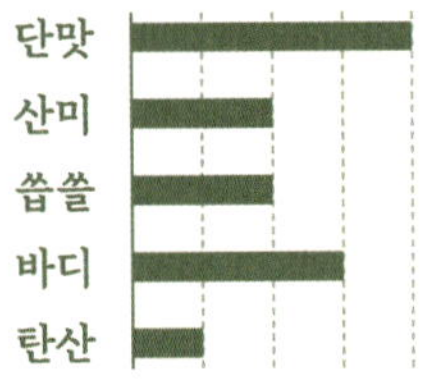

페어링 보쌈, 생선구이, 매운 숯불 양념치킨

골목막걸리 프리미엄 12는 양조연구가 박유덕 대표가 만든 생막걸리입니다. 충남 예산산 쌀과 예당호의 물을 사용하고, 특허받은 발효 기술로 온도를 정밀하게 조절해 쌀의 깊은 단맛과 신선한 풍미를 끌어냈다고 합니다. 감미료 없이도 참외, 멜론, 바나나를 연상시키는 달콤한 향과 부드러운 목 넘김이 특징이며, 12도의 도수로 진하고 묵직한 질감을 지닙니다. 생막걸리의 숙성 변화까지 고려해 시간이 지나도 맛이 무너지지 않도록 설계되어, 일관된 품질을 유지합니다. 예산의 전통 시장과 지역색을 담아내면서도 현대적인 감각으로 재해석된 이 술은 차갑게 마시거나 얼음을 넣어도 좋으며, 고기 요리, 전, 담백한 한식과도 잘 어울립니다.

도깨비술 7°

변화무쌍한 맛이 매력적인 수제 생막걸리

농업회사법인(주)도깨비양조장

주종 탁주   **도수** 7%   **원재료** 정제수, 쌀(국내산), 국, 효모 [밀함유]

테이스팅 노트

향 배, 멜론, 바닐라, 누룩

맛 단맛, 산미, 감칠맛, 부드러운, 목넘김

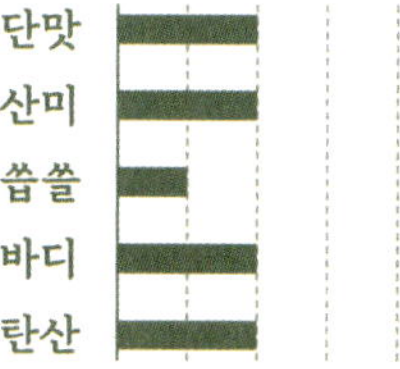

단맛
산미
쓴쓸
바디
탄산

페어링 해물파전, 골뱅이 소면무침, 마늘 요리

도깨비술 7도는 충북 단양의 도깨비양조장에서 빚은 생막걸리로, 제천 의림지 쌀과 단양의 깨끗한 물, 우리밀 누룩으로 만듭니다. 인공첨가물 없이 멥쌀만 사용해 깔끔하고 청량한 맛을 내며, 15일 내외 숙성된 이양주 방식으로 깊은 풍미와 부드러운 목 넘김을 자랑합니다. 술이 숙성되며 맛과 향이 달라지는 특징에서 '도깨비'라는 이름이 유래했으며, 멜론과 바닐라 향이 은은하게 퍼지고 가벼운 바디감과 깔끔한 마무리가 특징입니다. 병입 후에도 저온 보관 시 풍미가 더욱 깊어지고, 기름지고 매콤한 음식과 잘 어울립니다. 입 안에 텁텁함이 남지 않아 개운하게 즐길 수 있으며, 단양 마늘 요리나 민물고기 요리와도 좋은 궁합을 이룹니다.

벗이랑 강황

부드러운 목 넘김과 깊은 풍미의 삼양주

석이원주조

주종 탁주 **도수** 12% **원재료** 멥쌀(국내산), 정제수, 강황, 누룩[밀함유] 효모

테이스팅 노트
향 강황, 쌀, 누룩, 풀
맛 단맛, 쌉쌀한 여운, 목 넘김

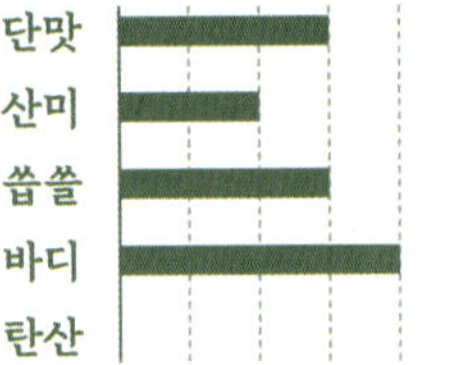

페어링 바지락 칼국수, 조개찜

'벗이랑 강황'은 대전에서 전통 양조법에 현대적인 감각을 더해 만든 생탁주입니다. 최고 품질의 옥토미 쌀과 국내산 강황을 사용해 세 번에 걸쳐 빚으며, 황금빛 색감과 건강한 풍미가 특징입니다. 강황은 소화와 항염 효과가 있는 재료로, 이 술에서는 은은한 쌉쌀함을 더해줍니다. 첫맛은 부드럽고, 혀끝에 남는 여운은 깔끔합니다. 장기간 저온 숙성 과정을 통해 유산균이 살아있는 생주로 완성되었으며, 쌀의 단맛과 강황의 쌉쌀함이 균형 있게 어우러집니다. 도수 12도임에도 부담 없이 마실 수 있고, 스트레이트는 물론 온더락으로도 즐기기 좋습니다. '벗이랑 강황'은 전통의 깊이와 건강한 재료의 가치를 담아낸 매력적인 술입니다.

사일로 막걸리

디자인과 맛을 동시에 사로잡는 현대적 삼양주

사일로 브루어리

주종 탁주　　**도수** 10%　　**원재료** 찹쌀(국내산), 멥쌀(국내산), 개량누룩, 효모, 정제수 [밀 함유]

테이스팅 노트
향 복숭아, 자두, 꿀, 누룩
맛 단맛, 신맛, 감칠맛, 부드러운, 목 넘김

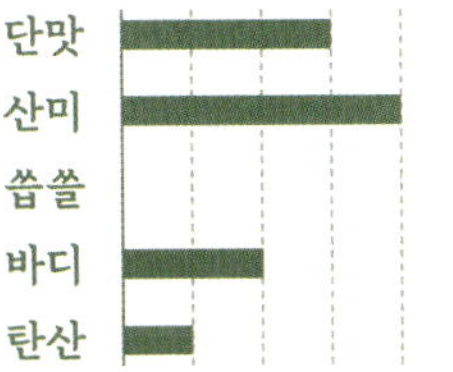

단맛	
산미	
씁쓸	
바디	
탄산	

페어링 탕수육, 불고기, 스테이크, 새우구이

사일로 막걸리는 전통과 현대를 잇는 양조장, 사일로 브루어리에서 빚은 고도 탁주입니다. '과거를 잊지 말자, 그것이 미래를 만든다'는 철학 아래, 국산 찹쌀과 삼광미를 사용해 세 번 담금한 삼양주 방식으로 빚어졌으며, 도수는 10%입니다. 단백질 함량이 낮은 원료로 깔끔한 맛을 구현하고, 복숭아·자두 같은 핵과류의 산뜻한 단맛과 산미가 인상적입니다. 두 번의 여과 과정을 통해 잡내 없이 맑고 부드러운 맛을 완성했고, 사일로만의 발효 기술로 음용성을 높였습니다. 세종시 제철 과일을 더한 블렌딩 한정판도 출시되어 다양한 풍미를 즐길 수 있으며, 매 배치마다 쌀의 품종과 숙성 방식 등을 달리해 매번 색다른 맛을 제공합니다.

세종대왕어주 탁주

세종대왕 어의가 빚었던 황금주의 재탄생

농업회사법인 (주)장희도가

주종 탁주　**도수** 13%　**원재료** 찹쌀 33.3%(국내산), 멥쌀 8.3%(국내산), 누룩 4.2%(국내산), 정제수 54.2% [밀 함유]

테이스팅 노트

향 바나나, 배, 매화, 누룩

맛 단맛, 신맛, 부드러운, 여운(지속성)

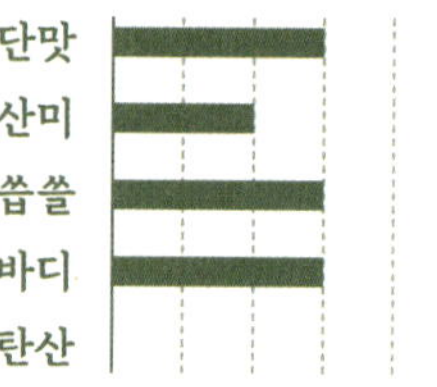

페어링 매운 갈비찜, 두부구이, 대구탕

세종대왕 어주 탁주는 조선 시대 어의 전순의가 쓴 《산가요록》에 기록된 황금주 제조법을 현대적으로 재현한 전통 탁주입니다. 충북 청주시 초정리의 초정약수와 찹쌀, 멥쌀, 누룩으로 90일간 발효·숙성하여 산뜻한 단맛과 은은한 산미, 과일 향이 어우러지는 것이 특징입니다. 초정약수는 세계 3대 광천수로, 미네랄이 효모 활동을 돕고 잡균을 억제해 깔끔한 맛을 내는 것으로 알려져 있죠. 세종대왕 어주 탁주는 부드러운 목 넘김과 은은한 과실 향, 담백한 곡물 맛이 조화를 이룹니다. 라벨에는 청주의 손부남 작가가 직접 쓴 서체를 사용해 전통미를 더한 이 술은 세종대왕의 문화적 유산과 연결된 독보적인 스토리를 담고 있습니다.

이 술은 초정리에서 나는 초정 약수를 사용하는데요.
초정약수는 탄산이 자연적으로 섞여 있는
세계 3대 광천수로

조선왕조실록에 따르면
세종대왕은 초정리에서 100일 넘게 요양하며
초정 약수로 눈과 피부를 치료했다고 전해집니다.

세종대왕어주 탁주

쑥크레

예술가들을 홀린 압생트처럼 쑥을 넣어 빚은 마력의 탁주

주방장 양조장

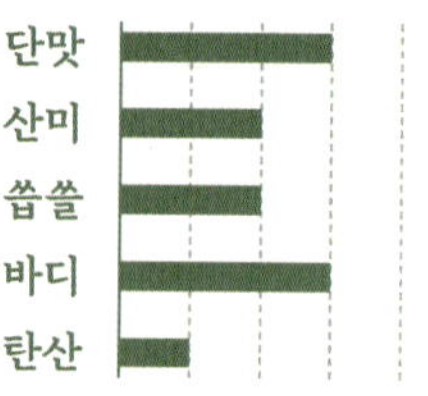

주종 탁주　　**도수** 10%　　**원재료** 정제수, 멥쌀·찹쌀-충주 노은쌀(국내산), 누룩, 쑥 0.4%(국내산), [밀함유]

테이스팅 노트
향 쑥, 풀, 쌀
맛 단맛, 쌉쌀함, 부드러운, 산미감

단맛
산미
쌉쌀
바디
탄산

페어링 향이 강하지 않은 국물 요리류, 향긋한 미나리전, 수육

이 술은 전통주 제조법이 기록된 고문헌 『주방문(酒方文)』에서 착안해 주방장양조장이 만든 술입니다. 쑥크레는 프랑스어 수크레(sucre), '달콤함'과 한국적인 부재료 쑥을 더해 만든 이름인데요. 프랑스 셰프 출신 양조자가 『주방문』 속 가양주 방식에서 영감을 받아, 충주의 노은쌀, 멥쌀, 찹쌀, 정제수, 누룩, 그리고 봄 쑥만을 원료로 삼아 이양주 방식으로 100일간 발효하고 숙성했습니다. 첫맛은 쌀의 부드러운 단맛, 중반엔 은근한 산미와 쑥의 쌉쌀함, 끝맛은 화사한 알코올 향과 함께 긴 여운을 남깁니다. 쑥의 청아한 맛과 전통의 담백함을 곱게 살려낸 술. '쑥크레'는 옛 주방문에서 피어난 오늘의 감각입니다.

호텔 주방장 출신이 만드는
주방장 양조장의

'쑥 풍미가 스민 탁주'

여린 쑥잎인 애엽을 차(茶) 만드는 방식으로
살청하고 유념*하여 쑥 향을 더 섬세하고
풍부하게 살렸다고 해요.

*살청, 유념: 차의 향을 살리기 위해 찻잎을 데치고 비비는 과정

쑥크레

면천두견주

전설 속 진달래가 담긴 약주

———

면천두견주보존회

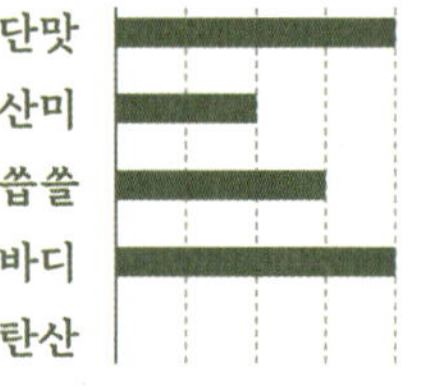

주종 약주　**도수** 18%　**원재료** 찹쌀(국산)52%, 누룩(국산)6.2%, 진달래꽃(국산)0.2%, 정제수41.6% [밀함유]

테이스팅 노트

향 진달래, 꿀, 누룩, 구기자

맛 단맛, 쌉쌀함, 감칠맛, 부드러운, 목 넘김

단맛	산미	쌉쓸	바디	탄산

페어링 화전, 은행구이, 월남쌈

면천두견주는 충남 당진 면천에서 진달래꽃과 찹쌀로 빚는 전통 약주로, 고려시대 복지겸의 설화에서 유래된 술입니다. 그의 딸이 아미산 진달래와 샘물로 술을 빚어 병을 고쳤다는 전설로 유명하며, 조선시대 문헌에도 기록되어 있습니다. 1986년 국가무형문화재 제86-2호로 지정된 이 술은 100일간 저온 숙성해 깊고 진한 맛을 냅니다. 진달래 향과 찹쌀의 농밀한 단맛이 어우러져 도수 18도임에도 부드럽게 넘어갑니다. 꿀 같은 단맛과 묵직한 바디감이 특징이며, 산미와 누룩 냄새가 적어 약주에 익숙하지 않은 분들도 즐기기 좋습니다. 원재료는 지역 농가에서 생산되며, 전통 방식과 현대 위생 설비를 결합해 생산하고 있습니다.

고려 개국 일등 공신인
복지겸이 병을 앓고 있을 때,

그의 딸이

(17세 영랑)

100일 기도 후 꿈에서 나타난 신비한 목소리.

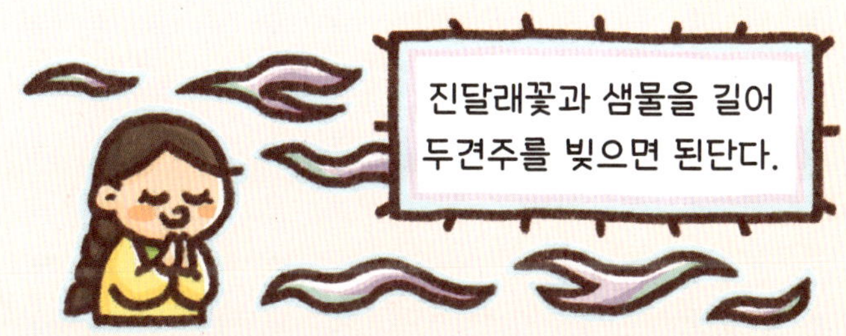

진달래꽃으로 술을 빚어 아버지 복지겸에게
드리자 완쾌했다는 설화 속 주인공 술이랍니다.

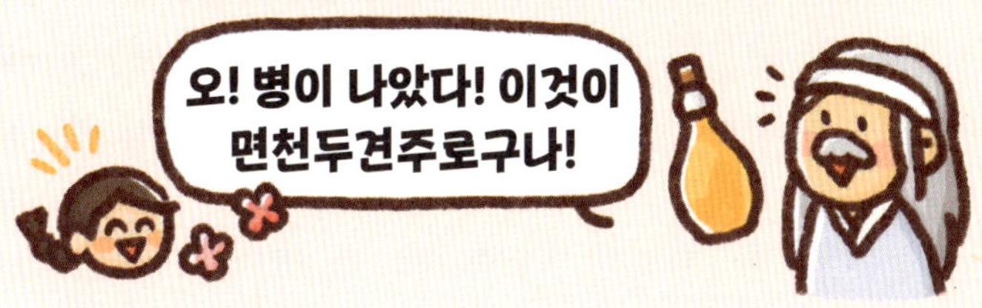

면천두견주

백경15 Gold

드라이하고 깔끔한 산미가 매력적인 약주

농업회사법인(주)백경증류소

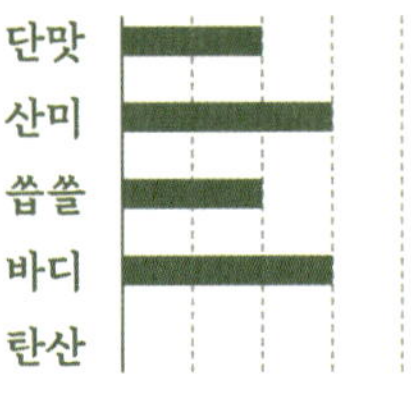

주종 약주　**도수** 15%　**원재료** 찹쌀, 멥쌀(국내산), 백경밀누룩[밀.국내산], 정제수

테이스팅 노트
향 생쌀, 누룩, 곡물, 고소한 향
맛 감칠맛, 단맛, 쓴맛, 무게감

단맛	▰▰▰
산미	▰▰▰▰
쏩쏠	▰▰▰
바디	▰▰▰▰
탄산	

페어링 회, 해산물, 샐러드, 삼겹살, 오리고기

'백경'은 허먼 멜빌의 소설 『모비딕』에서 따온 이름으로, 한국 전통주를 세계에 알리려는 양조장의 포부를 담고 있습니다. 이 백경증류소에서 빚은 백경15 Gold는 삼양주 약주로, 상큼한 과실 향과 깔끔한 산미가 특징입니다. 한의학 원리를 바탕으로 약재를 법제하는 개념에서 출발했으며, 밀누룩을 직접 띄우고 세종시산 동진찰 찹쌀과 삼광미를 사용해 빚습니다. 180일간 저온에서 세 차례 발효하는 삼양주 방식으로, 깊고 복합적인 맛을 자아냅니다. 첫 모금엔 포도와 복숭아 향이 퍼지고, 뒤이어 깔끔한 쌀 향과 산미가 입안을 정리해 줍니다. 드라이한 끝맛 덕분에 식전주로 적합하며, 칵테일이나 하이볼로도 다양하게 즐길 수 있습니다.

송이주

산림욕의 싱그러움이 느껴지는 약주

내국양조

주종 살균약주　　**도수** 13%　　**원재료** 쌀(국산), 식물약재12.1%(송이버섯0.013%, 표고버섯0.0013%, 당귀0.0067%, 정제수), 누룩, 효모, 젖산, 정제수

테이스팅 노트
향 버섯, 솔잎, 더덕, 오미자
맛 산미, 단맛, 쏩쏠함, 가벼운

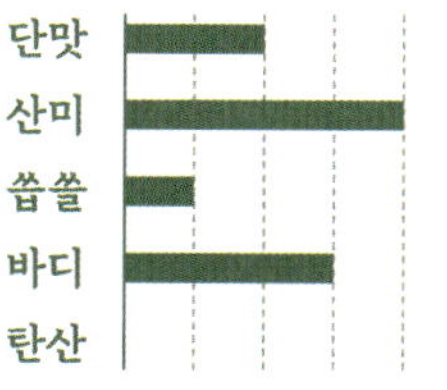

페어링 참치회, 광어회, 조개구이, 물회, 기름진 요리

송이주는 조선시대 궁중에서 왕실 건강을 위해 빚은 약술을 현대적으로 재해석한 전통 약주입니다. 양조장인 내국양조는 《동의보감》과 《본초강목》을 바탕으로 약재의 효능과 배합을 연구하며 전통 약주의 복원에 힘쓰고 있습니다. 송이주는 송이버섯, 표고버섯, 당귀 등 약재를 넣어 3개월 저온 발효 후 6개월 이상 숙성해 만듭니다. 궁중에선 약재로 빚은 술을 진상했는데요. 송이는 향긋하고 산뜻한 기운 덕분에 약술로 자주 쓰였습니다. 이 술은 송이 향과 약재 풍미가 어우러져 산림욕 같은 상쾌함을 줍니다. 송이의 고급스러운 향이 잘 담겨 있으며, 한 모금 머금으면 청초하면서도 산미의 깔끔한 맛과 담백한 여운이 입안을 감쌉니다.

우희열 한산소곡주 생주

1,500년 전통의 깊은 맛, 앉은뱅이 술의 정수

한산소곡주명인 농업회사법인주식회사

주종 약주 **도수** 18% **원재료** 찹쌀(국내산), 백미(국내산), 누룩(밀:국내산), 정제수, 야국, 메주콩, 생강, 홍고추 [밀, 대두 함유]

테이스팅 노트

향 누룩, 국화, 메주, 생강, 꿀

맛 감칠맛, 단맛, 부드러운, 목 넘김, 여운(지속성)

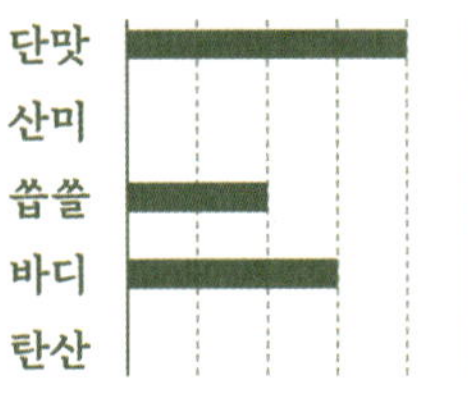

페어링 미나리 부침개, 된장찌개, 갈비찜, 묵은지 김치찜

한 잔 마시면 자리를 뜨기 어렵다 해 '앉은뱅이 술'로 불리는 한산소곡주는, 1,500년 백제의 숨결을 품은 한국의 대표 전통 약주입니다. 대한민국식품명인 제19호 우희열 명인이 국내산 찹쌀, 멥쌀, 누룩에 들국화, 메주콩, 생강, 홍고추를 더해 전통 이양주 방식으로 빚고, 100일간 저온 숙성하여 완성합니다. 한산소곡주는 찹쌀의 달콤함과 누룩의 고소함, 들국화와 생강의 은은한 향이 어우러져 부드럽고 깊은 여운을 남기는 술입니다. 생주 특유의 살아있는 효모 덕분에 시간이 지날수록 풍미가 깊어집니다. 충남 서천군의 한산소곡주명인 농업회사법인은 가족이 함께 전통 양조를 이어가며 전통주의 대중화에도 힘쓰고 있습니다.

<한산소곡주가 앉은뱅이 술로 불리게 된 이야기>

한산소곡주는 한산면 일대
70여 가구가 각자의
비법으로 면허를 받아
제조하는 술로 '한산소곡주'라는
이름 아래 수많은 다양한
맛의 술이 존재한답니다.

우희열 한산소곡주 생주

청명주

청명한 날에 빚는 술의 전통과 품격

————

중원당

주종 약주(생주)　　**도수** 17%　　**원재료** 정제수, 찹쌀(국내산), 누룩(국내산), 밀가루(국내산) [밀함유]

테이스팅 노트

향 자두, 매실, 누룩, 꿀

맛 단맛, 신맛, 쏩쏠함, 감칠맛

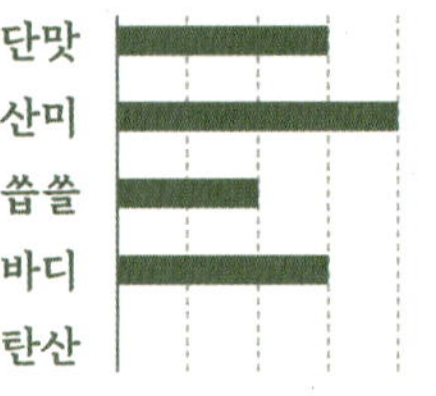

단맛	
산미	
쏩쏠	
바디	
탄산	

페어링 매운탕, 고등어 김치찜, 어죽

입안 가득 퍼지는 산뜻한 과일 향과 은은한 바닐라 향, 청명주는 첫 모금부터 마음을 사로잡는 전통 약주입니다. 조선시대부터 충북 충주시에서 전해 내려오며, 청명절에 맑은 물로 빚던 전통에서 이름을 얻었습니다. 이 술은 약 100일간 저온에서 천천히 발효·숙성되어 새콤달콤한 맛과 깔끔한 목 넘김이 특징입니다. 충북 무형문화재 제2호로 지정된 중원당에서 생산되며, 100% 국내산 찹쌀과 누룩만을 사용해 전통 방식 그대로 빚어집니다. 물맛 좋기로 유명한 충주 금탄의 맑은 물을 사용해 깨끗한 풍미를 냅니다. 전통의 가치를 지키면서도 현대인의 입맛에도 잘 어울리는 청명주는, 시간이 지나도 변하지 않는 품격을 간직한 명주입니다.

풍정사계 춘

봄의 산뜻함과 따뜻함을 담은 약주

농업회사법인(유)화양

주종 약주　**도수** 15%　**원재료** 국내산(멥쌀, 찹쌀, 정제수, 전통누룩-[밀함유])

....

테이스팅 노트

향 사과, 연꽃, 매화, 누룩

맛 단맛, 신맛, 균형감, 부드러운

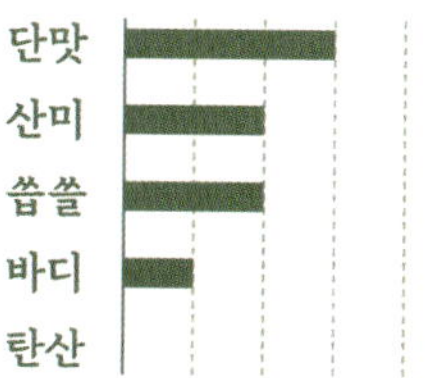

페어링 육회, 불고기, 두릅숙회, 된장찌개

풍정사계 춘은 충북 청주시 내수읍 풍정마을에서 생산된 약주입니다. '단풍나무 우물'로 유명한 이 지역의 좋은 물과 찹쌀, 그리고 직접 디딘 전통 녹두누룩(향온곡)으로 빚어 100일 이상 장기 숙성해 만듭니다. 조선시대 궁중에서도 쓰인 녹두누룩은 해독 작용이 뛰어나며, 술에 고급스러운 깊이를 더해줍니다. 인공 첨가물을 전혀 넣지 않은 자연 발효주로, 사과·배꽃·메밀꽃 향기와 어린 사과의 산뜻한 향이 어우러집니다. 입안에 머금으면 은은한 단맛과 약한 산미가 조화롭게 어우러지고, 부드러운 목 넘김과 깔끔한 마무리가 인상적입니다. 풍정사계 춘은 대한민국 대표 약주 중 하나로 12~13℃로 차갑게 마실 때 가장 풍미가 살아납니다.

풍정사계는 이름 그대로 대표님의
고향 마을 '풍정(楓井)'의
사계절을 술독에 다채롭게 담아낸
술 시리즈로,

풍정사계
춘春(봄)은 약주

하夏(여름)는
과하주

추秋(가을)는 탁주

동冬(겨울)은
증류식 소주

사계절의 맛과 향을
표현하고 있는 술입니다.

우렁이쌀 청주

풍성한 단맛과 깔끔함이 조화를 이루는 전통 청주

농업회사법인(유)양촌양조

주종 청주   **도수** 14%   **원재료** 정제수, 국내산 무농약 찹쌀(33.05%), 국내산 무농약 쌀(입국), 효모, 종국

테이스팅 노트
향 쌀, 참외, 사과, 누룩
맛 단맛, 쌉쓸함, 부드러운, 깔끔한

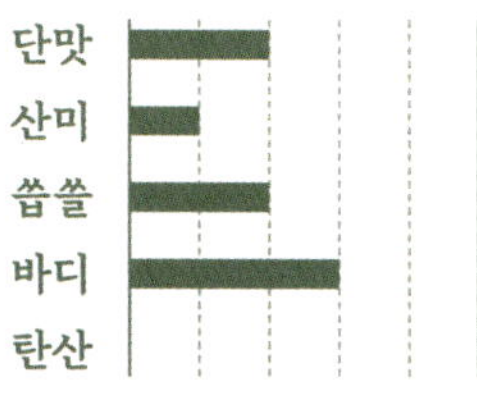

페어링 생선회, 한정식, 갈치조림, 민어탕

우렁이쌀 청주는 은은한 단맛과 깔끔한 마무리로 부담 없이 즐길 수 있는 프리미엄 청주입니다. 충남 논산의 100년 전통 양촌양조장에서 3대에 걸쳐 만들어지며, 감미료 없이 자연 발효와 60일 저온 숙성을 통해 완성됩니다. 주재료는 우렁이 농법으로 무농약 재배된 찹쌀과 쌀로, 우렁이가 논의 잡초를 제거해 농약 없이 깨끗한 쌀을 수확할 수 있는 친환경 방식입니다. 쌀 본연의 고소함과 단맛이 술에 자연스럽게 녹아들며, 입안에서 조용히 감돌다 부드럽게 사라지는 목 넘김이 특징입니다. 멸균 처리로 유통기한 없이 장기 보관이 가능하고, 양조장에선 생 청주를 시음할 수 있습니다. 전통을 지키면서도 현대 입맛에 맞춘 정갈한 술입니다.

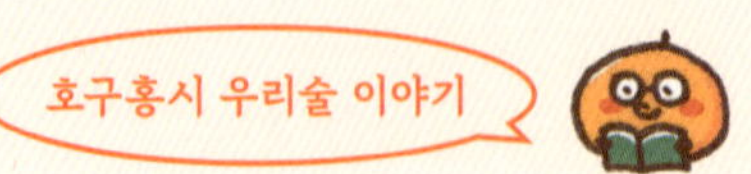

사계절 내내 햇빛이 풍부하고
물이 맑아 '햇빛촌'이라 불리는 양촌(陽村)

그곳에서 친환경 우렁이 농법으로
재배한 무농약 찹쌀로 만든 술.

술병 디자인도 우렁이처럼
동글 반짝 예쁜 우렁이쌀 청주랍니다.

하타

100년 종가 비법이 담긴 깔끔한 청주

농업회사법인 신탄진주조(주)

주종 청주   **도수** 16%   **원재료** 쌀, 쌀입국, 효모, 정제수

테이스팅 노트
향 쌀, 누룩, 버섯, 꿀
맛 단맛, 신맛, 쏩쏠함, 감칠맛

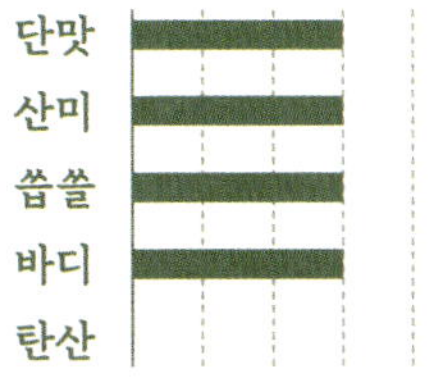

단맛	
산미	
쏩쏠	
바디	
탄산	

페어링 참치회, 생선회, 파전, 육회, 생갈비

쌀의 맑고 절제된 맛을 현대적으로 되살린 청주, 하타는 대전 신탄진주조에서 100년 전통의 유씨 종가 가양주 비법을 계승해 빚는 전통 청주입니다. '하타'라는 이름은 일본에 술 빚는 법을 전수한 백제인의 이름에서 따왔다고 하는데요. 신탄진주조는 2001년 유씨 종가로부터 비법을 전수받아 직접 농사지은 국산 쌀과 직접 띄운 입국, 대청호 맑은물을 사용해 술을 빚고 있으며, 삼양주 방식으로 발효합니다. 하타는 누룩 향을 최소화하고, 쌀 본연의 은은한 단맛과 깔끔한 드라이한 풍미를 살린 것이 특징입니다. 절제된 산미와 깊이 있는 향미, 목 넘김 후에 남는 쌉싸름한 여운이 조화롭게 어우러져 담백한 맛을 자랑합니다.

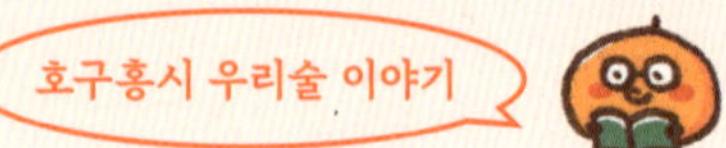

백제에서 일본으로
술을 전파했다는
설화 속 인물, 백제인 '하타'.

지금도 일본에서는
하타를 술의 신(주신)으로
모시는 신사도 있다고 합니다.

설화 속 이름을 딴 청주 '하타'와 함께
우리 술의 깊은 역사를 느껴보세요.

겨울소주 45

두 번의 겨울이 꾹꾹 담겨있는 소주

농업회사법인 아리랑주조(주)

주종 증류식 소주   **도수** 45%   **원재료** 증류원액[쌀(국내산), 국, 효모, 효소]100%

테이스팅 노트
향 밥, 누룩, 곡물
맛 단맛, 쏩쏠함, 감칠맛, 무게감

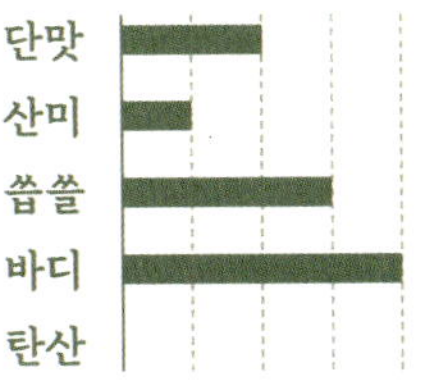

페어링 갈비찜, 삼계탕, 부각 튀김

겨울소주45는 겨울에 태어나, 겨울을 지나야 완성되는 술입니다. 충남 청양 칠갑산 자락, 상수원 보호구역 안의 200m 지하 석간수와 청양산 쌀로 만든 발효 원주는 겨울 한철을 꼬박 보내며 100일간 숙성됩니다. 그 원주에서 맑은 부분만을 감압식으로 천천히 증류해, 다시 한번 옹기 항아리 속에서 180일을 보냅니다. 그래서 이 술은 '두 번의 겨울'을 품고 태어납니다. 입에 닿는 순간, 45도의 도수가 주는 열기가 먼저 올라옵니다. 고(高)도수의 작열감 뒤에는 은은하게 피어오르는 밥 향과 묵직하면서도 부드러운 고소함, 그리고 입안을 감싸는 감칠맛이 뒤따릅니다. 겨울을 담은 술. 오래 기다린 만큼 깊은 맛이 깃든 소주입니다.

두레앙 일반증류주

둘러앉아 함께 나눠 마시는 술

농업회사법인 (주)두레양조

주종 일반증류주   **도수** 35%   **원재료** 포도(국내산) 96.12%, 메타중아황산칼륨, 효모, 설탕, 정제수

테이스팅 노트

향 청사과, 달콤한 향, 국화, 바닐라, 파인애플

맛 단맛, 감칠맛, 부드러운, 여운(지속성), 무게감

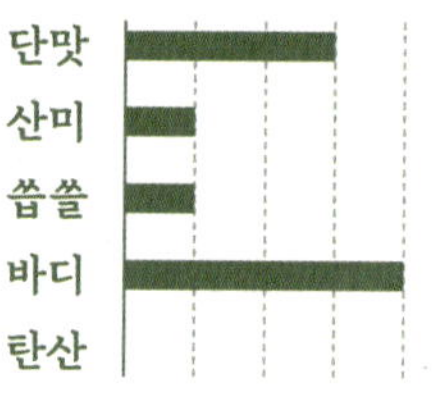

단맛
산미
쓱쓸
바디
탄산

페어링 양념육류, 육포, 샤브샤브, 안심 스테이크, 생선회, 굴전

두레앙 일반증류주는 충남 천안 입장면의 포도로 만든 전통 증류주입니다. 이름은 공동체 노동 '두레'와 프랑스어 어미 '앙'을 결합해, 나눔과 품격을 담았습니다. 천안산 포도를 발효해 만든 와인을 감압 증류해 완성하며, 이 방식은 낮은 온도에서 증류가 가능해 섬세한 포도 향과 깔끔한 맛을 잘 살립니다. 두레양조는 친환경 농법으로 포도에 봉지를 100% 씌우고 석회보르도액을 사용해 재배합니다. 완성된 두레앙은 포도의 달콤하고 풍부한 향, 부드러운 목넘김, 은은한 여운이 인상적입니다. 알코올 도수는 35도지만 부드러운 단맛과 깔끔한 마무리 덕분에 스트레이트, 온더락, 칵테일 등 다양한 방식으로 즐기기 좋습니다.

서울고량주 레드

중국에도 수출하는 한국형 고량주

주식회사 한국고량주 농업회사법인

주종 고량주(일반증류주)　**도수** 35%　**원재료** 고량주 원액(국내산-수수, 누룩, 효모), 주정, 향료

....

테이스팅 노트

향 파인애플, 바나나, 매화, 꿀, 누룩

맛 단맛, 씁쓸함, 신맛, 목 넘김, 여운(지속성)

페어링 탕수육, 꿔바로우, 깐쇼새우, 짜장면

서울고량주 레드는 충북 영동에서 재배한 무농약 청풍수수를 주원료로 하여 만든 증류주입니다. 수수를 세척한 뒤, 전통 누룩과 함께 고체 상태로 발효시키는 방식으로 빚습니다. 고체 발효는 일반저인 액상 발효와 달리 원재료의 고유한 풍미를 살리기 좋고, 전통 방식에 가깝다고 합니다. 발효된 술은 증류 후 여과되어 투명한 술이 되며, 이 과정에서 고량주 특유의 텁텁한 잡내는 줄이고 파인애플을 연상시키는 화사한 과일 향과 은은한 꽃 향이 피어납니다. 입에 머금었을 때는 달콤한 과일 향이 먼저 퍼지고, 입안을 정리하듯 깔끔하게 마무리되는 피니시가 인상적입니다. 바디감은 가볍고 단맛과 향이 조화를 이루어 고도수지만 부담이 없습니다.

신의 한 술

구증구포 방식의 500년 전통 약재 소주

농업회사법인 (주)신선

주종 일반증류주   **도수** 22%   **원재료** 정제수, 쌀, 지황, 쌀누룩, 효모

테이스팅 노트
향 숙지황, 누룩, 대추, 곡물
맛 단맛, 쏩쏠함, 부드러운, 목 넘김, 감칠맛, 여운(지속성)

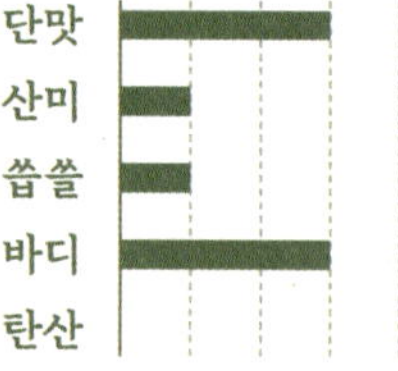

단맛	
산미	
쏩쏠	
바디	
탄산	

페어링 계절 회, 담백한 샤브샤브, 육사시미, 소금 간 소고기

신의 한술은 충북무형문화재 제4호이자 식품명인 제88호로 지정된 500년 전통의 신선주를 일상에서 즐길 수 있도록 재해석한 제품입니다. 청주 청원생명쌀과 전통 누룩, 국내 토종 효모를 사용하며, 숙지황을 아홉 번 찌고 말리는 구증구포 방식으로 빚습니다. 신의 한술은 22도의 증류주임에도 부드러운 목 넘김을 자랑하며, 첫 향에서는 고소한 곡물 향과 함께 아홉 번 찌고 말린 숙지황의 은은하고 깊은 향이 느껴집니다. 입에 머금으면 쌀 특유의 담백한 단맛이 퍼지고, 숙지황의 고유한 쌉쌀하면서도 깔끔한 향이 뒷맛을 정리해 줍니다. 알코올의 자극은 적고, 고소함과 은은한 한약재 향이 조화롭게 어우러져 차분한 풍미를 남기는 술입니다.

유기농이도 25

세종대왕 즉위 25년에 훈민정음 창제함을 기린 전통 소주

농업회사법인 조은술세종(주)

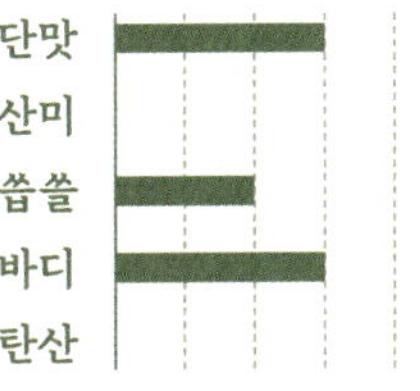

주종 소주(증류주)　**도수** 25%　**원재료** 물, 증류원액 (유기농 쌀 100%, 국내산)

테이스팅 노트

향 쌀, 누룩, 곡물, 꿀
맛 단맛, 쏩쏠함, 감칠맛, 부드러운, 목 넘김

단맛	
산미	
쏩쏠	
바디	
탄산	

페어링 매운탕, 더덕구이, 올갱이국

맑고 단아한 맛이 인상적인 이도 25는 충청북도 청주시 조은술 세종 양조장에서 생산되는 증류식 소주입니다. 유기농 우리쌀과 농촌진흥청에서 특허 출원한 순수 토종 효모(N9)를 사용해 자연의 깨끗함을 술맛에 담아냅니다. 감압식 증류방식을 통해 쌀의 깊은 풍미는 살리고 이취(잡미)는 차단했으며, 1년 이상의 장기 숙성 과정을 거쳐 쌀의 감칠맛과 깊은 향을 극대화했습니다. 25도의 도수임에도 첫 향에서 은은한 곡물 향이 올라오고, 한 모금 머금으면 부드러운 단맛이 입안 가득 퍼지며 깔끔한 마무리로 이어집니다. 이도 25라는 제품명 속에는 '세종대왕 재위 25년에 훈민정음을 창제한 뜻을 기린다'는 의미를 담아냈다고 하네요.

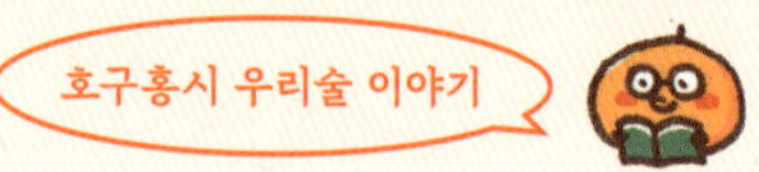

세종대왕이 한글을
창제한 그해,

즉위 25년을 기념해
탄생한 술,
이도 25도.

세종대왕의 이름 '이도'에서 비롯된 숫자,
한 잔에 담긴 시간을 느껴보세요.

이도22
세종 22세,
즉위 기념 소주

이도32
32년간의 재위와
업적을 기린 소주

주향25

쌀과 항아리가 만들어내는 숙성의 단맛

농업회사법인담을

주종 증류식 소주　　**도수** 25%　　**원재료** 정제수, 쌀(국내산), 국, 효모, 정제효소

레이스팅 노트
향 쌀, 고소한 곡물, 꽃, 식혜
맛 단맛, 감칠맛, 부드러운, 목 넘김, 씁쓸함

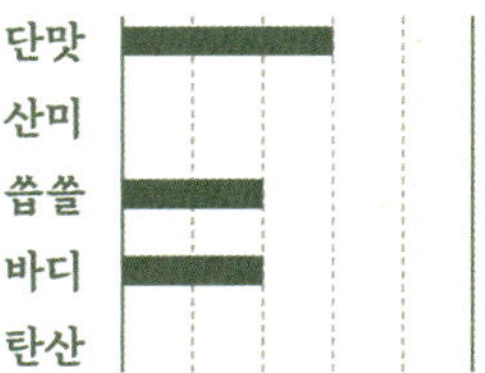

페어링 생선회, 문어숙회, 육전

부드러운 증류식 소주를 찾는다면 주향25를 마셔보면 좋겠습니다. 주향25는 충주 담을술공방에서 만든 증류식 소주로, 충주산 쌀을 주원료로 하여 독일산 고슈도 동 증류기를 사용한 상압 증류 방식으로 제작됩니다. 쌀 본연의 고소함과 은은한 단맛이 살아 있으며, 증류 후에는 도예가 부부가 개발한 무유약 항아리에서 6개월간 숙성되어 술이 숨을 쉬듯 천천히 맛을 완성합니다. 이 과정을 통해 목 넘김이 부드럽고 알코올 향이 적어, 누구나 부담 없이 즐길 수 있다고 합니다. 주향25는 마신 후 남는 고소한 여운과 깔끔한 뒷맛이 특징인데요. 전통적인 재료와 현대적인 숙성 기술이 만든 부드러운 향미가 큰 특징입니다.

도예가 남편이
빚어낸 옹기에

아내가 빚은 술을 담아
장기 숙성시킨 깊은
풍미의 부드러운 증류주.

공방에서 만든 옹기는 뛰어난
품질로 일부 증류주(원소주)의
숙성 옹기로도 사용되고
있다고 합니다.

추사 40

사과의 풍미와 오크의 조화, 한국형 깔바도스

농업회사법인 예산사과와인(주)

주종 일반증류주　**도수** 40%　**원재료** 증류원액(사과 증류원액, 사과: 국내산), 정제수

테이스팅 노트
향 사과, 바닐라, 초콜릿, 오크, 스모키
맛 단맛, 쌉쓸함, 감칠맛, 부드러운, 목 넘김, 무게감

페어링 초콜릿, 바닐라 아이스크림, 치즈, 소고기 구이

충남 예산의 가을 사과로 만든 '추사 40'은 두 번 증류하고 세 해 숙성한 오크 숙성 증류주입니다. 예산사과와인이 직접 재배한 사과를 발효부터 증류, 숙성까지 한 곳에서 관리하는 유럽형 시스템으로 빚어집니다. 중탕다단식 동증류기로 증류한 뒤 프랑스산 오크통에서 숙성되어 사과의 산뜻한 향 위에 바닐라, 초콜릿, 스모크 풍미가 더해집니다. 40도라는 높은 도수에도 목 넘김은 부드럽고 피니시는 깔끔해 천천히 음미하기에 좋습니다. 단맛과 스파이스, 오크가 겹쳐지며 예산 사과의 생동감과 숙성의 깊이가 조화를 이룹니다. 병에는 실학자 추사 김정희가 그린 난이 담겨 있어, 지역의 자연과 예술 정신이 깃들어 있습니다.

라라

새콤한 산미와 청량감이 매력적인 청수 화이트 와인

산막와이너리

주종 과실주 **도수** 12% **원재료** 청포도, 백설탕, 효모, 메타중아황산칼륨(산화방지제) [아황산함유]

테이스팅 노트
향 청사과, 파인애플, 박하(민트), 바닐라, 후추
맛 신맛, 쓴맛, 균형감, 여운(지속성)

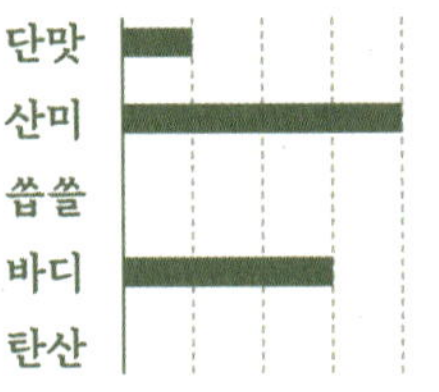

페어링 생선요리(생선까스, 초무침), 뿌팟퐁커리, 해산물(조개, 굴)

첫 잔에서 자연이 느껴지는 와인, '라라 2023'은 충북 영동 산막와이너리에서 청수 품종으로 만든 화이트 와인입니다. 청수는 한국에서 개발된 양조용 포도로 균형 잡힌 맛을 냅니다. 산막와이너리는 화학비료나 제초제를 쓰지 않고 친환경 방식으로 포도를 재배하며, 유럽식 양조 기술을 결합합니다. 라라는 7~9도에서 마실 때 레몬, 라임, 사과, 파인애플 향과 씨솔트, 허브의 청량한 아로마가 조화를 이룹니다. 저온 침용과 발효로 향을 살리고, 스테인리스 탱크에서 10개월 숙성해 깔끔한 맛을 완성했습니다. 드라이한 이 와인은 산미와 가벼운 바디감이 어우러지며, 자연과 감성을 담은 한국 와인의 가능성을 보여주는 작품입니다.

샤토미소(캠벨스위트로제)

장미꽃 향 가득한 새콤달콤 로제 와인

도란원

주종 과실주　　**도수** 12%　　**원재료** 포도(국내산 89.90%), 메타중아황산칼륨(산화방지제), 소브산칼륨(합성보존료), 백설탕, 효모 [아황산함유]

테이스팅 노트

향 딸기, 장미, 복숭아, 자두
맛 단맛, 신맛, 떫은맛(수렴성), 균형감

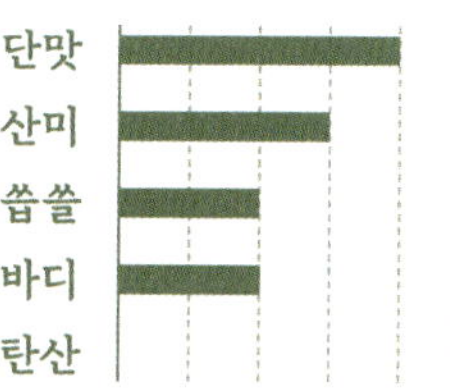

페어링 매콤한 음식(불고기, 로제 떡볶이), 홍합찜, 과일치즈

햇살을 머금은 듯한 빛깔, 샤토미소 로제 스위트 와인은 충북 영동에서 재배한 캠벨 포도로 만든 감미로운 스위트 로제 와인입니다. 섬세한 연분홍빛을 띠며, 잘 익은 딸기와 체리의 아로마가 장미외 복숭아 향과 어우러져 우아한 부케를 형성합니다. 샤토미소 로제 스위트는 시각과 미각을 동시에 만족시키는 한 병의 와인으로, 감각적인 향과 맛여운에서는 붉은 과실의 달콤함과 산뜻한 피니시가 조화를 이루어, 가벼운 식전주(aperitif)로서 혹은 과일 디저트와 함께 즐기기에 적합합니다. 샤토미소 로제 스위트는 시각과 미각을 동시에 만족시키는 한 병의 와인으로, 감각적인 향과 맛의 여운을 남깁니다.

시나브로 청수 화이트

조금씩, 조금씩 빠져드는 새콤달콤한 와인

불휘농장

주종 과실주　　**도수** 11%　　**원재료** 청포도(국내산), 백설탕, 효모, 메타중아황산칼륨(산화방지제), 소브산칼륨(합성보존료), [아황산함유]

테이스팅 노트
향 파인애플, 청사과, 흰꽃, 바닐라, 복숭아
맛 신맛, 단맛, 균형감, 부드러운, 여운(지속성)

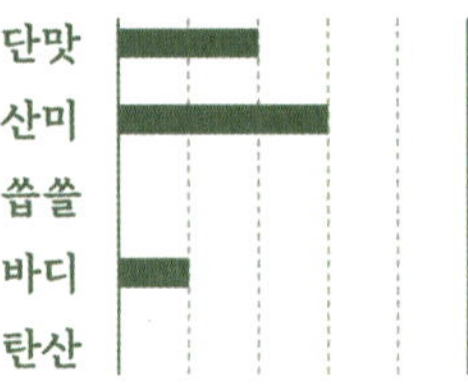

페어링 새우튀김, 크림소스 연어 스테이크, 굴, 초밥, 바지락술찜

입안에 맑게 퍼지는 청수의 산미는, 마치 첫 봄바람처럼 가볍고 산뜻합니다. 충북 영동군 불휘농장에서 한국 토종 포도 '청수'로 빚은 시나브로 청수 화이트는 섬세한 레몬빛에 흰 꽃, 시트러스, 파인애플, 복숭아 향이 어우러지며 깔끔한 마무리가 인상적인 와인입니다. 청수는 농촌진흥청과 충북 옥천 포도연구소가 개발한 품종으로, 은은한 과일 향과 균형 잡힌 산미가 조화를 이룹니다. 단맛은 과하지 않고, 입안을 기분 좋게 감싸는 구조로 부담 없이 즐기기 좋습니다. 2007년 설립된 불휘농장은 가족 모두가 한국국제소믈리에협회 자격을 보유한 전문 와이너리로, 국내 최초로 HACCP 인증을 받아 위생과 안전성까지 갖추었습니다.

요새로제 Yosé Rosé

베리의 산뜻함을 고스란히 담은 로즈빛 애플사이더

(주)비전레드

주종 과실주　　**도수** 6.7%　　**원재료** 사과즙(국산), 정제수, 오미자0.52%(국산), 벌꿀(국산), 침출차(라즈베리티)0.43% (라즈베리:폴란드산), 탄산가스, DL-사과산(산도조절제), 구연산(산도조절제), 메타중아황산칼륨(산화방지제), 효모 [아황산류함유]

테이스팅 노트

향 딸기, 붉은 사과, 장미, 오미자

맛 단맛, 신맛, 부드러운, 톡 쏘는 맛(탄산)

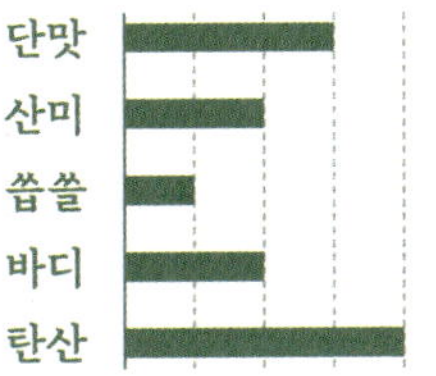

페어링 브런치, 리코타치즈 샐러드, 치킨, 파스타, 피자, 케이크

상큼한 첫 모금에 기분까지 밝아지는 요새로제는 충북 충주산 사과에 오미자와 라즈베리를 더해 만든 천연 발효 스파클링 과실주입니다. 사과즙을 서시히 발효한 뒤 자연 탄산을 가둬 청량감을 살렸고, 색소나 감미료 없이 자연 재료만으로 장밋빛 색감과 상큼한 풍미를 완성했습니다. 양조장 비전레드는 충주 농가와 계약재배를 통해 연간 150톤 이상 사과를 구매해 고품질 제품을 만드는데요. 대표 이대로씨는 미국 보스턴의 사이더리에서 영감을 얻어 충주를 거점으로 삼았고, 농업기술센터와 협업해 기술을 정교화했다고 합니다. 요새로제는 사과의 단맛과 베리류의 산뜻함, 탄산의 청량감이 어우러져 식전주나 기분 좋은 브런치 와인으로 어울립니다.

컨츄리 캠벨 스위트

영동 포도의 달콤한 유혹, 내츄럴 와인 컨츄리 캠벨 스위트

컨츄리 와이너리

주종 과실주　　**도수** 12%　　**원재료** 포도 85.72%, 설탕, 효모

테이스팅 노트
향 딸기, 장미, 캬라멜, 정향
맛 단맛, 산미, 가벼운, 깔끔한

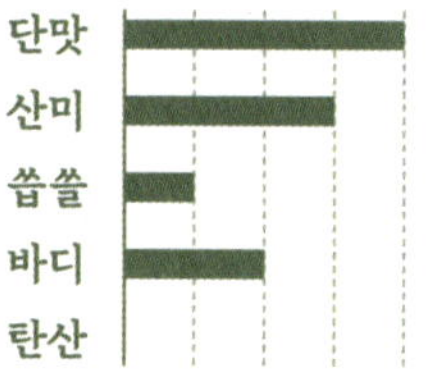

페어링 치즈, 견과류, 초콜릿, 불고기, 갈비찜, 매콤한 음식

컨츄리 캠벨 스위트는 충북 영동의 컨츄리 와이너리에서 만든 내츄럴 와인으로, 캠벨 포도 고유의 향과 달콤함을 자연스럽게 담아낸 제품입니다. 캠벨 포도를 부드러운 단맛과 산미의 조화로 누구나 편하게 즐길 수 있는 맛으로 완성했으며, 은은한 딸기와 장미 향, 깔끔한 목 넘김이 특징입니다. 1965년부터 3대째 전통을 이어온 컨츄리 와이너리는 이탈리아 올가닉와인 제조설비와 공법을 적용하여 독자적인 발효 방식과 저온 숙성, 위생관리를 통해 품질을 높이고 있으며, 영동의 풍부한 일조량과 큰 일교차는 포도 재배에 최적의 조건을 제공합니다. 산화방지제나 보존제를 사용하지 않은 와인으로, 내츄럴 와인에 입문하려는 이들에게도 적합합니다.

포엠 로제

화사한 핑크빛과 장미 향을 품은 비건 로제 와인

갈기산포도농원

주종 과실주　　**도수** 12%　　**원재료** 포도(킹델라웨어, 국내산), 백설탕, 효모, 소브산칼륨(보존제), 메타중아황산칼륨(산화방지제)

. . . .

테이스팅 노트

향 장미, 산딸기, 체리, 레몬

맛 단맛, 신맛, 부드러운, 균형감

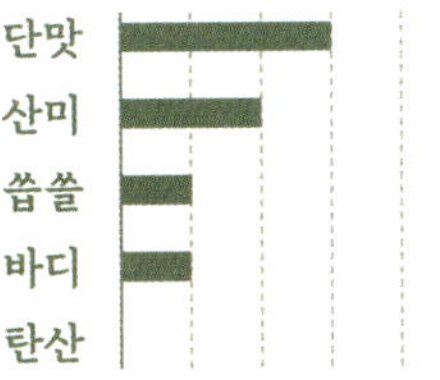

페어링 바질파스타, 부라타치즈 샐러드, 로제떡볶이, 해물찜, 생야채

입안에 맴도는 장미와 산딸기 향, 라임의 상큼함이 어우러진 포엠 로제 와인은 국내 유일 킹데라웨어 품종으로 빚은 프리미엄 로제 와인입니다. 충북 영동 갈기산포도농원에서 재배한 포도로 만들어지며, 옅은 핑크빛 색감과 세미 스위트한 맛, 산뜻한 산미와 은은한 탄닌의 조화가 특징입니다. 갈기산포도농원은 40년 이상 친환경 유기농법을 고수하며 국내 최초 비건 인증 포도를 생산한다고 하는데요. 일조량과 일교차가 큰 영동의 자연환경은 향미를 극대화하는 데 최적입니다. 포엠 로제는 식전주 또는 디저트 와인으로 적합하며, 5~10℃로 차게 마시면 과일 향과 산미, 뒷맛이 조화를 이루어 어떤 자리에서도 부담 없이 즐길 수 있습니다.

전라도

고산 탁주12

친환경 쌀과 전통 방식으로 빚은 고(高)도수 탁주

농업회사법인 삼산도가 주식회사

주종 탁주　**도수** 12%　**원재료** 정제수, 쌀(친환경, 국내산), 누룩(밀: 국내산) [밀함유]

테이스팅 노트

향 배, 참외, 갓 지은 밥, 누룩, 엿기름

맛 감칠맛, 균형감, 무게감, 신맛

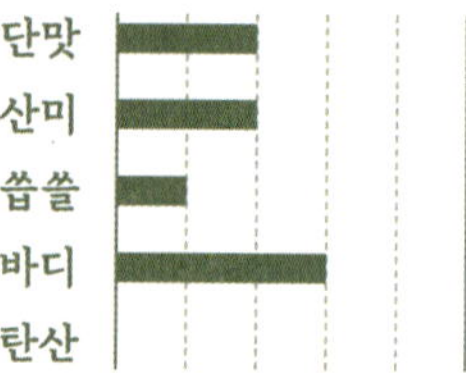

페어링 모둠전, 초무침, 한식 요리 전반

도심에서 벗어나 자연의 숨결을 품은 술, 고산탁주는 전라북도 완주군의 삼산도가 양조장에서 직접 농사지은 친환경 쌀로 빚은 탁주입니다. 삼산도가는 자연과의 공존을 중시하여 우렁이 농법으로 쌀을 재배하고, 양조에는 우리밀 누룩과 만경강 수원지의 청정 암반수를 사용합니다. 고산에서 수확한 멥쌀과 찹쌀을 황금 비율로 섞어 빚은 이 술은, 누룩취 없이 정제된 깔끔함을 바탕으로 부드럽고 은근한 단맛, 그리고 입안을 가볍게 감도는 산미가 조화를 이루는 섬세한 풍미가 특징입니다. 12도의 도수에도 불구하고 무겁지 않은 바디감 덕분에 술 자체의 밸런스가 뛰어나며, 숙성에서 오는 미세한 텍스처와 미감이 입안에 깊은 여운을 남깁니다.

라봉

한라봉이 가득, 상큼함은 라봉

다도참주가

주종 탁주　　**도수** 5.5%　　**원재료** 물, 쌀(국내산), 한라봉(국내산), 올리고당, 누룩, 아스파탐(감미료, 페닐알라닌 함유), 조제종국, 효모 [우유함유]

테이스팅 노트

향 감귤, 청사과, 갓 지은 밥

맛 신맛, 단맛, 청량감, 고소한

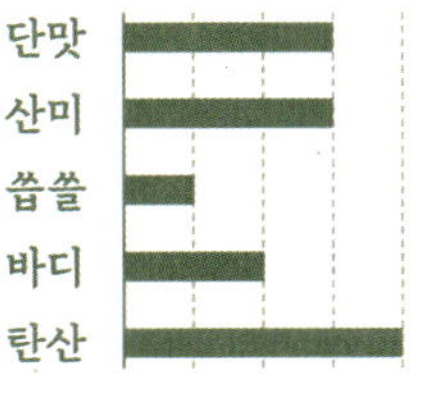

페어링 짜장면, 크림 파스타, 피자, 떡볶이

라봉은 한라봉의 향기로움과 쌀의 고소함을 품은 전라남도 나주의 막걸리입니다. 습기에 강한 오동나무 틀로 전통누룩을 직접 빚어 사용하며, 세 번의 발효 과정을 거친 삼양주 방식으로 정성을 들여 만듭니다. 세 번째 담금 과정에서 한라봉을 갈아 넣는다고 하는데요. 연 2500시간의 풍부한 일조량과 점질성 토양에서 자라난 나주산 한라봉의 상큼한 맛과 시트러스 향이 강한 탄산과 섞여 청량감이 뛰어납니다. 맛이 상쾌하여 기름진 음식이나 매콤한 음식과 함께 음료수처럼 곁들여 먹기에 좋습니다. 한라봉의 산미감과 탄산감 뒤에는 기름진 나주쌀이 자아내는 고소한 향이 마치 쌀 튀밥을 연상케 하여 단맛과 신맛, 고소한 맛의 균형을 이룹니다.

비틀10

순창의 맑은 물과 전통의 손길로 빚어낸 과일 향 가득한 탁주

비틀

주종 탁주　　**도수** 10%　　**원재료** 멥쌀, 누룩, 정제수

테이스팅 노트
향 배, 파인애플, 누룩, 과일
맛 단맛, 신맛, 목 넘김, 산미

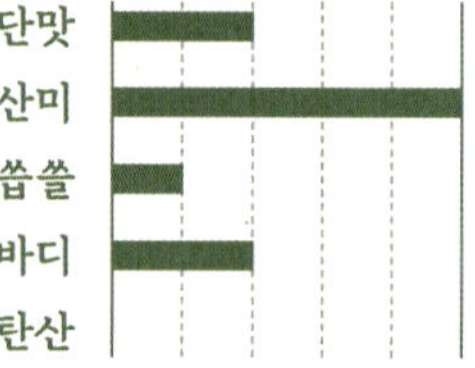

페어링 두부김치, 신김치, 전

비틀 10은 전라북도 순창의 청정한 물과 발효에 최적인 기후에서 태어난 막걸리입니다. 멥쌀, 누룩, 정제수라는 단순한 재료만으로 빚되, 참나무 껍질을 넣어 숙성하는 독특한 공법으로 개성 있는 풍미를 완성합니다. 비틀 10은 첫 향부터 배와 파인애플 같은 상큼한 과일 향이 가볍게 피어오르며, 입에 머금는 순간 정신이 번쩍 들 정도의 강한 산미가 입안을 감돕니다. 단맛은 절제되어 있고, 시트러스한 산미가 중심을 이루며 침샘을 자극합니다. 우유빛의 짙은 질감 속에선 부드러운 입자감이 느껴지지만, 혀끝엔 날렵한 산미가 선명히 남습니다. 탄산감은 거의 없지만 깔끔한 목넘김 덕에 과감한 맛 대비 마무리는 의외로 담백합니다.

딸기막걸리

어른들의 딸기우유, 딸기 생막걸리

농업회사법인 주식회사 성수주조장

주종 탁주　**도수** 6%　**원재료** 정제수, 쌀(국내산 신동진품종), 쌀가루(국내산), 딸기(국내산), 개량누룩, 효모, 조효소제, 효소처리스테비아, 밀함유

테이스팅 노트

향 딸기, 바나나, 요거트, 누룩, 꿀

맛 단맛, 신맛, 부드러운, 무게감

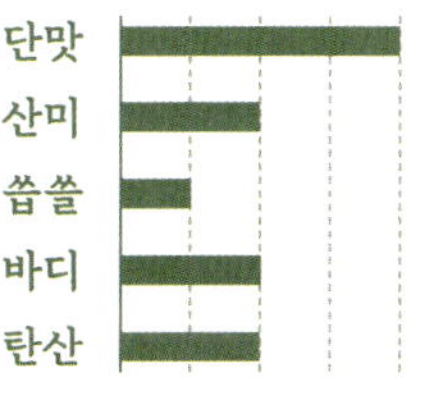

페어링 매콤한 닭발, 모둠전, 딸기 슬러시

딸기를 입안 가득 머금은 듯한 산뜻한 첫맛이 인상적인 막걸리가 있습니다. 전북 진안군의 생딸기 막걸리입니다. 1925년 설립된 성수주조장이 오랜 노하우에 현대 발효 기술을 더해 완성한 이 막걸리는, 국내산 신동진 햅쌀과 고당도 전북산 생딸기를 사용합니다. 삼양주 방식으로 20일간 세 번 빚고, 저온에서 1개월간 숙성해 완성하는데요. 병당 약 38g의 생딸기를 넣어 인공 감미료 없이 딸기의 천연 단맛과 쌀의 부드러운 질감을 자연스럽게 배합했습니다. 한 모금 머금으면 상큼한 향이 퍼지고, 잔잔한 산미와 함께 부드럽게 목을 넘어갑니다. 하루 100병 한정 생산되며, AI 발효 시스템으로 일관된 품질을 유지한다고 합니다.

송명섭이 직접 빚은 生 막걸리

막걸리계의 평양냉면, 쌀 본연의 맛을 살린 순수한 막걸리

———

태인합동주조장

주종 탁주　**도수** 6%　**원재료** 정제수 81.65%, 쌀 17.5%(국내산), 누룩 0.85%(국내산) [밀함유]

테이스팅 노트

향 누룩, 요거트, 식초, 쌀

맛 산미, 쏩쏠함, 바디감, 깔끔한

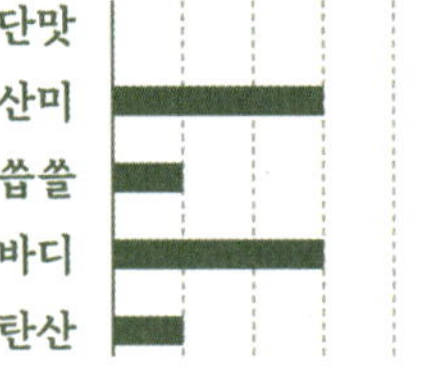

페어링 문어숙회, 돼지고기 수육, 나물 반찬

단맛 없는 전통 막걸리가 궁금하다면, '송명섭 막걸리'를 경험해보세요. 이 막걸리는 전북 정읍에서 전통주 명인 송명섭이 직접 빚는 술로, 100% 국내산 쌀과 누룩만을 사용하고, 어떠한 감미료나 첨가물도 넣지 않습니다. 이 술은 걸쭉한 질감과 시큼한 산미, 쌀 본연의 고소함이 어우러진 독특한 풍미를 지니며, '막걸리계의 평양냉면'이라는 별명처럼 군더더기 없는 담백함이 인상적입니다. 처음 마시면 다소 낯설 수 있지만, 입안에 퍼지는 미묘한 산미와 깊은 곡물 향은 먹을수록 매력을 더합니다. 송명섭 명인은 전통 방식을 지키기 위해 대량 생산을 거부하고, 지금도 손수 빚고 걸러내며 막걸리의 본질을 고수하고 있다고 합니다.

탁주라서 달달할 줄 알았는데
단단히 절제된 단맛과 시큼털털한 맛에
처음 맛보면 깜짝 놀라게 되는 술.

막걸리계 평양냉면

막걸리 마니아들에게 꾸준히
사랑받고 있는 술로 '송막'이라는
애칭으로도 불리고 있답니다.

송명섭이 직접 빚은 生 막걸리

자연담은 복분자 막걸리

복분자의 깊은 맛과 부드러움이 어우러진 막걸리

농업회사법인 고창명주 주식회사

주종 살균탁주 **도수** 6% **원재료** 정제수, 복분자액(쌀(국산), 복분자(국산)19.71%, 국(밀), 효모, 젖산), 기타과당, 구연산(산도조절제), [밀함유]

테이스팅 노트

향 복분자, 붉은 사과, 누룽지, 누룩

맛 단맛, 신맛, 감칠맛, 여운

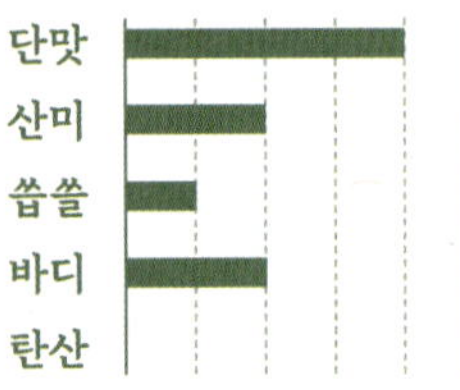

페어링 장어구이, 전복 버터구이, 삼계탕

고창의 햇살에서 자란 탐스러운 복분자, 그 진한 풍미를 담은 막걸리입니다. '자연담은 복분자 막걸리'는 유네스코 생물권 보전지역인 전북 고창에서 자란 1등급 복분자와 국내산 백미로 빚은 술입니다. 따뜻한 기후와 점토질 토양을 지닌 고창은 향기로운 복분자 재배에 최적의 환경을 갖췄습니다. 수확 직후 급속 냉동한 복분자와 생쌀발효 기술이 만나 과일의 산뜻함과 쌀의 고소함을 조화롭게 살려냅니다. 감미료나 보존제를 넣지 않아 원재료의 맛이 또렷하게 살아나며, 살균 공정으로 탄산감은 적지만 부드러운 목 넘김을 자랑합니다. 복분자의 달콤한 과실 향과 은은한 산미가 어우러지며, 과일의 향긋함과 곡물의 깊이를 동시에 느낄 수 있습니다.

'복분자'라는 명칭은
먹으면 요강이 뒤집힐 만큼 소변 줄기가
세진다는 민담에서 비롯되어,

'엎어질 복(覆), 항아리 분(盆)'에서
따왔다는 설이 있는데요.

활력의 상징 복분자 탁주를 즐겨보세요!

자연담은 복분자 막걸리

찰진

차마 삼키기 아까운 찰진 단맛의 막걸리

———

남도가양주

주종 탁주　　**도수** 7%　　**원재료** 정제수, 찹쌀(국내산),
멥쌀(국내산), 재래누룩(밀), 개량누룩(조효소제) [밀함유]

테이스팅 노트

향 누룩, 갓 지은 밥, 꿀, 생쌀

맛 단맛, 목 넘김, 신맛, 무게감

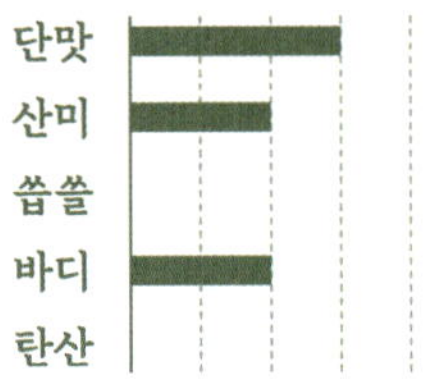

페어링 해물파전, 김치전,
회무침, 튀김 요리

입에 머금으면 삼키기 아깝다는 옛 찬사를 되살린 석탄주, 찰진 막걸리는 전라남도 목포의 남도가양주에서 전통 방식으로 빚어낸 이양주 막걸리입니다. 조선시대 고문헌에 등장하는 '석탄향' 주조법을 재현해, 향기롭고 달콤한 풍미와 오래도록 입안에 남는 여운을 담았습니다. 나주평야에서 자란 친환경 국내산 쌀과 전통 누룩을 사용하고, 멥쌀 죽으로 만든 밑술은 깔끔함을, 찹쌀 고두밥으로 만든 덧술은 부드럽고 찰진 단맛을 더합니다. 감미료 없이 찹쌀 고유의 단맛만으로 완성되어 막걸리 초심자도 부담 없이 즐길 수 있으며, 숙성에 따라 1주 차에는 담백하고 깔끔한 맛, 5주 차 이후에는 산미와 바디감이 더해진 깊은 풍미를 느낄 수 있습니다.

호구홍시 우리술 이야기

찰진

우물
우물
왜 그렇게
우물거리고 있어?
?
?
?
꾸울꺽!
석탄 향이라 향과 단맛이
정말 좋아서 차마 삼키기
싫이진단 말이지!
석탄 향:
차마 삼키고 싶지 않은 맛?!

해남찹쌀생막걸리 9도

부드럽게 스미는 9도, 찹쌀과 과실 향

삼산주조장

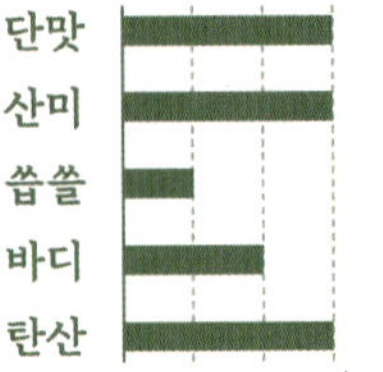

주종 탁주　**도수** 9%　**원재료** 정제수, 찹쌀(국내산), 멥쌀(국내산), 국, 누룩, 젖산 [밀함유]

테이스팅 노트

향 배, 갓 지은 밥, 요거트, 누룩
맛 단맛, 신맛, 부드러운, 감칠맛

단맛	
산미	
쓴쓸	
바디	
탄산	

페어링 육전, 메밀전병, 모둠전

해남 삼산주조장의 '삼산 찹쌀 생막걸리 9도'는 해남산 찹쌀과 멥쌀을 반반 섞은 고두밥에 누룩을 사용해 약 720시간 동안 장기 발효시킨 막걸리입니다. 감미료를 사용하지 않아 원재료 본연의 담백한 맛이 살아 있고, 깔끔한 질감이 특징입니다. 알코올 도수는 9도로 일반적인 막걸리보다 높지만, 목 넘김이 부드럽고 알코올 자극이 적습니다. 은은한 단맛과 명확한 산미가 입 안에서 조화롭게 어우러지며, 깔끔한 질감과 부드러운 목 넘김 속에 찹쌀의 고소한 풍미가 은근히 번져나와, 감미료 없이도 깊고 섬세한 맛의 균형을 이뤄냅니다. 개봉 후 하루 숙성시키면 생막걸리 특유의 산미가 더욱 살아나 산뜻한 질감을 느낄 수 있습니다.

3대째 가업을 이어가고 있는 삼산주조장은

2대 대표님(어머니)의 조언을
새기며 10년 넘게 착한 가격을
유지하고 있는 양조장으로

전통과 철학을 지켜가는
모습이 참 감시한 곳입니다.

덕분에 우리도 부담 없이 한 잔!

해창12도찹쌀생막걸리

바다의 해풍을 담은 진한 막걸리, 해창 12도

해창주조장(주)농업회사법인

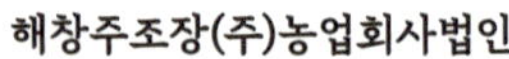

주종 탁주　　**도수** 12%　　**원재료** 정제수, 찹쌀(국내산)15.3%, 멥쌀(국내산), 입국(국내산), 곡자(밀) [밀함유], 효모

레이스팅 노트
향 포도, 쌀, 누룩, 요거트
맛 단맛, 산미, 감칠맛, 무게감

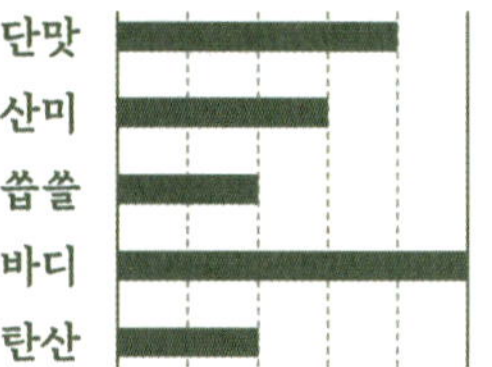

페어링 떡갈비, 육회, 갈비구이

입에 닿는 순간, 포도 향이 퍼지고 찹쌀의 깊은 단맛이 밀려듭니다. 해창 12도 찹쌀 생막걸리는 전라남도 해남의 청정 자연과 바닷바람 속에서 자란 쌀로 빚어진 전통 탁주입니다. 15일간 저온에서 천천히 발효되어 감미료 없이도 묵직하고 부드러운 맛을 완성하며, 도수 12도임에도 부담 없이 즐길 수 있는 것이 특징입니다. 찹쌀에서 자연스럽게 우러난 단맛과 포도 향과 같은 산뜻한 과일 향이 어우러져 깊은 풍미를 자랑하며, 유산균 발효로 숙취가 적고 깔끔한 여운을 남긴다고 합니다. 얼음을 띄워 온더락으로 마시면 농후한 질감이 더욱 살아납니다. 2014년 '찾아가는 양조장'으로 선정된 해창주조장은 아름다운 정원으로 유명합니다.

고흥유자주08

고유한 우리술이 Go To You.

농업회사법인(주)녹동양조

주종 살균약주　　**도수** 8%　　**원재료** 정제수, 쌀(국내산), 쌀입국(국내산), 효모, 누룩(밀함유), 유자(고흥산 100%), 원당, 정제효소

....

테이스팅 노트
향 청사과, 누룩, 쌀
맛 단맛, 신맛, 부드러운, 고소한

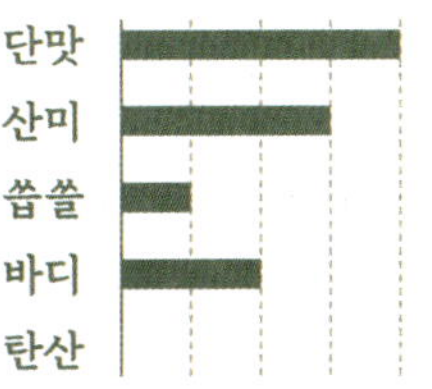

페어링 와플, 과일 타르트, 크림 새우, 탕수육

새콤한 유자 향이 입안을 감싸고, 곡물의 고소함이 천천히 따라옵니다. 한 잔에 고흥의 햇살과 해풍이 녹아 있는 술, 바로 고흥유자주입니다. 고흥유자주 08은 전라남도 고흥에서 자란 유자와 친환경 고흥 쌀로 빚은 전통 약주입니다. 쌀과 누룩으로 먼저 술을 만들고 30년 넘은 고목에서 자란 유자를 넣는다고 하는데요. 유자 향을 살리기 위해 알코올 도수는 8도로 낮췄고, 첨가물 없이 발효하여 자연스러운 향과 맛이 유지된다고 합니다. 부드럽고 깔끔한 목넘김, 그리고 마신 뒤에도 오래 남는 달콤한 여운이 이 술의 매력입니다. 시트러스 향을 제대로 느끼고 싶다면 차게 해서 마셔보세요. 신선한 유자의 결이 더욱 뚜렷이 살아납니다.

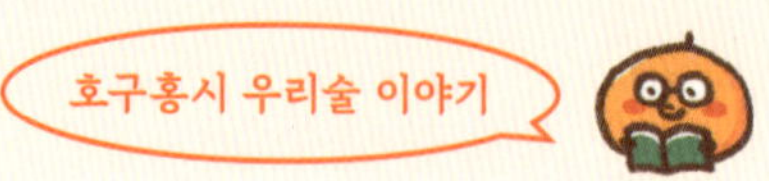

유자는 주로 한국, 중국, 일본에서 재배되며
그중 한국 유자가 가장 껍질이 두껍고
향이 진한 특징이 있다고 해요.

양조장에서 기른 귀한
고흥 유자가 병마다
2개씩 들어간 약주.

유자가 2개지요!

대잎술

대나무의 청아함이 스며든 전통 약주

농업회사법인 주식회사 추성고을

주종 살균약주　　**도수** 12%　　**원재료** 정제수, 쌀(국내산), 누룩, 효모, 고과당, 올리고당, 구연산, 죽력(국내산), 식물복합추출물 0.126%

테이스팅 노트
향 대나무잎, 솔잎, 구기자, 누룩, 진피
맛 단맛, 신맛, 감칠맛, 쏩쏠함, 여운(지속성)

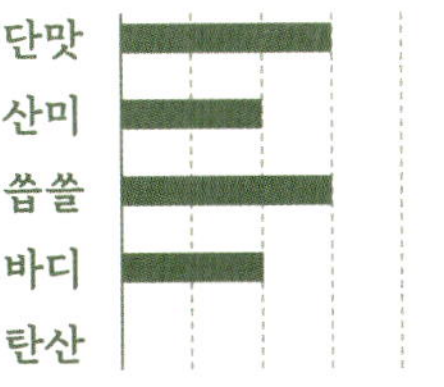

단맛
산미
쏩쏠
바디
탄산

페어링 소불고기, 떡갈비, 스테이크

청량한 대나무 숲의 향기를 품은 술, 대잎술입니다. 대잎술은 4대째 가업을 잇는 전통 양조장 '추성고을'에서, 식품명인 제22호 양대수 명인이 담양산 대나무잎과 구기자, 진피, 솔잎 등 10여 가지 한약재를 멥쌀·찹쌀과 함께 빚은 뒤, 자연 대나무 통에서 100일 이상 저온 숙성해 고유의 청량하고 맑은 풍미를 완성하는 방식으로 만들어집니다. 술잔을 가까이 대면 은은한 대나무 향이 퍼지고, 한 모금 머금으면 단맛과 산미가 조화롭게 어우러져 청량한 마무리를 남깁니다. 알코올 자극이 적고 목 넘김이 깔끔해 술에 익숙하지 않은 이도 편안하게 즐길 수 있으며, 시원하게 마셨을 때 대잎술 특유의 맑고 깨끗한 풍미가 더욱 살아납니다.

지란지교 프리미엄 약주

190일의 기다림 끝에 완성된 전통의 맛

(유)농업회사법인 친구들의술 지란지교

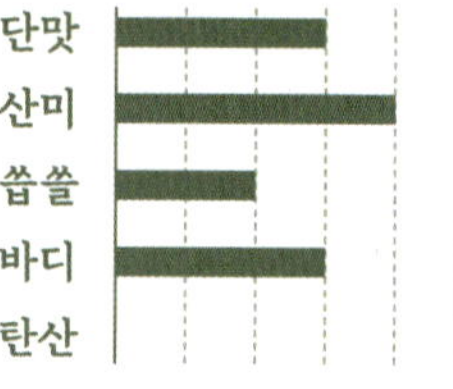

주종 약주(생약주)　　**도수** 15%　　**원재료** 찹쌀·맵쌀(국내산), 전통누룩(국내산) [밀함유], 정제수

테이스팅 노트
향 배, 참외, 누룩, 갓 지은 밥, 꿀
맛 단맛, 신맛, 쓴맛, 무게감

단맛
산미
쓴쓸
바디
탄산

페어링 간장 치킨, 굴국, 버섯볶음, 고추장더덕구이

'지란지교'는 전북 순창의 햅찹쌀과 전통 누룩, 800m 깊이의 청정 암반수로 빚은 약주입니다. 누룩 명산지로 알려진 순창 건곡리 구전비법으로 제조한 누룩으로 100일간의 발효와 90일간의 숙성을 거쳐 깊은 풍미를 완성했습니다. 전통 방식 그대로, 화학첨가물 없이 정성을 다해 만든 이 술은 과일을 베어 문 듯한 참외와 배 향, 고소한 곡물의 풍미가 조화롭게 어우러집니다. 첫맛은 시원한 단맛이 느껴지고, 은은한 산미와 쌉쌀한 끝맛이 깔끔하게 마무리됩니다. 목 넘김은 부드럽지만 단단한 바디감이 느껴져서 천천히 음미할수록 진가가 드러나는 술입니다. 지란지교라는 이름처럼 사람 사이의 깊고 향기로운 관계를 닮은, 정감 어린 전통주입니다.

지리산강쇠

지리산 자연이 품은 약초의 기운, 외강내유 약주

———

(유)술소리

주종 살균약주　　**도수** 13%　　**원재료** 정제수, 백미(국내산), 설탕, 누룩, 오미자(국내산), 산수유(국내산), 오가피(국내산), 구연산, 정제효소제

테이스팅 노트

향 오미자, 산수유, 솔잎, 감초, 박하

맛 단맛, 신맛, 감칠맛, 쌉쌀함, 여운(지속성)

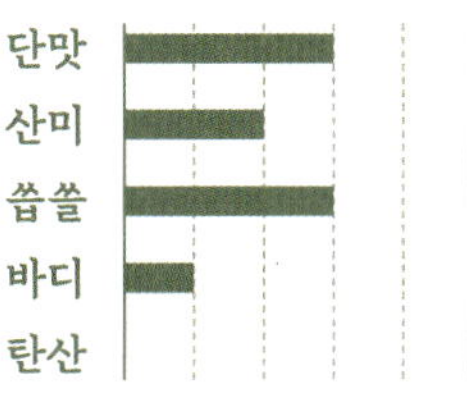

페어링 감자탕, 대하구이, 바지락 칼국수, 밀푀유나베

강한 이름과 달리 부드러운 맛으로 반전 매력을 뽐내는 전통 약주, '지리산 강쇠'는 남원 지리산 자락에서 자란 약초로 빚어낸 술입니다. '농업회사법인(유) 술소리'에서 우리쌀과 누룩으로 발효한 후 오미자, 산수유, 오가피를 더해 완성합니다. 도수 13도의 살균 약주로 숙취가 적고, 은은한 약초 향과 깔끔한 맛이 인상적입니다. 산수유와 오미자가 어우러져 새콤달콤한 풍미를 내며, 입안에서 부드럽게 감도는 질감이 좋습니다. 약초 특유의 쌉쌀함이 끝에 맴돌지만 거슬리지 않으며, 단맛과 산미, 고소한 곡물 향이 조화를 이루어 편하게 즐길 수 있는 균형 잡힌 맛을 자랑합니다. 강한 느낌과는 달리 부드러운 맛의 약주입니다.

산수유, 오미자, 하수오가
깊고 은은한 풍미를
더해주는 지리산 강쇠.

**이 술이 맛있는 것을
제 두 눈으로 똑똑히 봤구먼유!**

초이 국화

국화(감국)와 다섯 가지 누룩을 블렌딩하여 빚은 향긋한 약주

초이리브루어리

주종 약주   **도수** 16%   **원재료** 정제수, 쌀(국내산), 전통누룩, 국화(0.1%), [밀함유]

테이스팅 노트
향 국화, 꿀, 누룩, 버섯, 풀
맛 단맛, 쌉쓸함, 산미, 무게감, 여운(지속성)

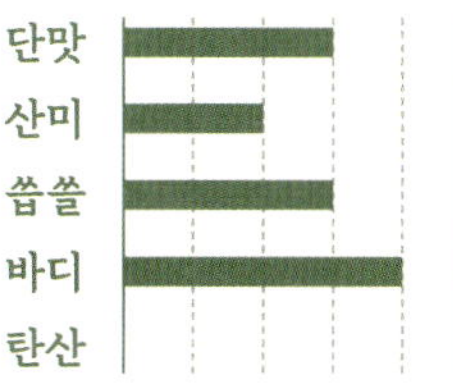

페어링 소불고기, 육회, 갈비 만두

도심 속에서 자연의 온기를 느낄 수 있는 특별한 술, '초이 국화'입니다. 전라북도 익산의 초이리 브루어리에서 빚어낸 약주로, 다섯 가지 전통 누룩과 익산의 시화인 국화(감국)를 사용해 국화의 은은한 향과 깊은 풍미를 담았습니다. 신동진 쌀을 사용해 부드럽고 깔끔한 텍스처를 구현했으며, 100% 국산 재료와 0% 합성첨가물 원칙 아래 자연스러운 맛을 완성했습니다. 이 술은 두 번의 저온 발효와 60일 이상의 숙성을 거쳐 총 100일의 시간을 들여 빚어지며, 고(高)도수 약주임에도 불구하고 산뜻하고 청량한 마무리로 입안을 맑게 씻어 줍니다. 감국의 향긋함과 과실의 부드러움이 어우러지는 말랑말랑한 감성을 깨우는 약주입니다.

도한 청명주

누룩 명인이 빚어낸 투명한 시간의 맛

농업회사법인(주)한영석의발효연구소

주종 약주　**도수** 13.8%　**원재료** 찹쌀(국내산), 정제수, 한영석 누룩(국내산)

....

테이스팅 노트
향 자두, 살구, 레몬, 누룩
맛 감칠맛, 산미, 단맛, 균형감

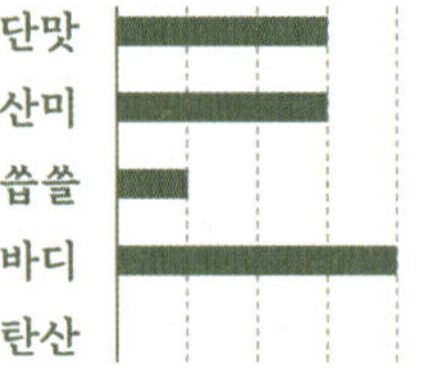

페어링 갈비찜, 삼겹살, 해산물 요리

도한 청명주는 청명절에 빚어 마시던 전통 약주를 현대적으로 재해석한 술입니다. 배치별로 사용하는 누룩이 달라 다양한 풍미를 제공하는데요. 국내산 찹쌀과 내장산 맑은 물, 직접 디딘 한영석 누룩만을 원료로 하여 60일간 저온에서 천천히 발효시키고, 후수 없이 뜬 청주를 채주한 뒤 원주 상태로 30일 이상 숙성해 맑고 깨끗한 풍미를 완성합니다. 입안에 머금으면 먼저 자두나 살구 같은 과실 향이 먼저 느껴지고, 뒤이어 찹쌀밥의 따스한 곡물 향이 은은하게 감돕니다. 산뜻한 산미와 절제된 단맛이 균형을 이루며, 목을 넘기고 나면 깔끔하고 맑은 여운이 오래 지속됩니다. 배치별 특색이 있으나 전체적으로 부드럽고 밝은 느낌입니다.

모리19

麰 보리 모, 利 이로울 리, 이로운 보리가 주는 깨끗한 맛의 소주

강산명주 농업회사법인 주식회사

주종 증류식 소주　**도수** 19%　**원재료** 정제수, 보리증류원액

테이스팅 노트

향 보리, 바닐라

맛 부드러운, 드라이한, 쏩쏠함

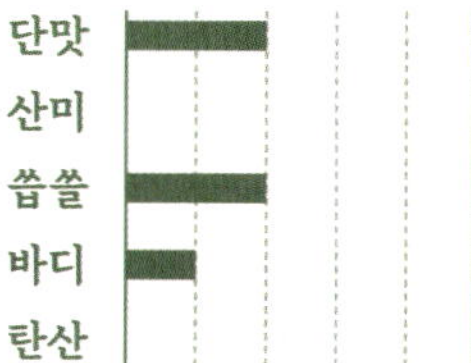

페어링 토마토파스타, 스테이크, 탕수육, 멘보샤

모리(MORI)는 전북 부안의 양조장 강산명주에서 국내산 찰보리만을 사용해 빚은 증류식 보리소주입니다. 풍부한 일조량과 해풍이 깃든 부안의 보리는 정성껏 도정된 후 감압식으로 천천히 증류되어, 깔끔하면서도 고소한 풍미를 살렸습니다. 이후 오크칩 숙성을 거치며 은은한 바닐라와 참나무 향이 더해져 깊이 있는 풍미를 완성합니다. 도수는 19도로 가볍게 즐기기 좋으며, 첫맛은 드라이하고 마무리는 부드럽고 잔잔한 단맛이 여운을 남깁니다. 인공 첨가물을 배제해 정직하게 만든 이 술은 해산물, 맑은 국물 요리 등과도 잘 어울립니다. '보리가 이롭다'는 뜻을 품은 모리는 담백하고 섬세한 매력을 지닌, 오래도록 질리지 않는 술입니다.

백제소주25

백제 문화를 담은 25도의 쌀 증류주

내변산

주종 증류식 소주   **도수** 25%   **원재료** 정제수, 쌀증류원액(쌀:국내산100%)

레이스팅 노트
향 배, 누룩, 갓 지은 밥, 곡물, 국화
맛 단맛, 부드러운, 무게감, 여운(지속성)

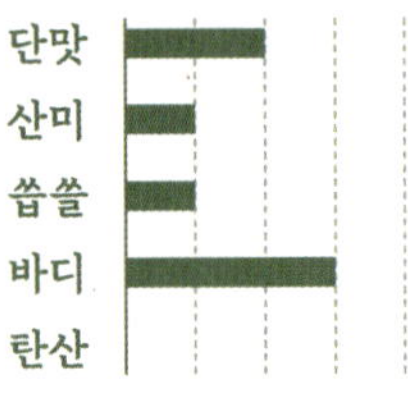

페어링 생선구이, 육회, 닭곰탕, 명란계란탕

백제소주 25도는 두 차례 상압 증류와 8개월 항아리 숙성으로 부드럽고 깊은 맛을 완성한, 부안 내변산의 정통 증류식 소주입니다. 100% 국내산 쌀을 원료로 독일산 고급 Kothe 동 증류기를 사용해 정성스럽게 빚은 이 술은, 알코올의 날카로움을 덜어내고 곡물의 고소함과 은은한 꽃향기를 강조합니다. 특히 숙성 과정에서 발현되는 백설기를 살짝 태운 듯한 향, 잘 익은 배, 마시멜로, 화이트 초콜릿을 떠올리게 하는 복합적인 아로마가 입안을 부드럽게 감싸며 은은하게 퍼집니다. 첫 모금은 담백하게 시작하지만, 이내 쌀 특유의 달큰한 뉘앙스와 숙성에서 오는 깊은 여운이 어우러져 다층적인 맛의 구조를 느낄 수 있습니다.

죽력고

조선 3대 명주의 품격, 대나무 향을 머금은 술

태인양조장

주종 일반증류주   **도수** 32%   **원재료** 쌀100%(국내산), 죽력

테이스팅 노트

향 계피, 솔잎, 생강, 대나무잎, 아몬드
맛 단맛, 쓴맛, 무게감, 여운(지속성)

페어링 곱창전골, 고기국수, 허니버터 브레드

대나무에서 추출한 향긋한 기름으로 빚은 술, 죽력고는 조선 3대 명주로 손꼽히는 전통 증류주입니다. 이 술의 핵심은 죽력이라 불리는 대나무 기름으로, 3년 이상 자란 대나무를 황토 항아리에 넣고 서서히 불을 지펴 뽑아낸 귀한 재료입니다. 솔잎, 계피, 생강, 석창포 등의 약재를 며칠간 담가 향을 더한 후, 30일간 저온 발효한 술덧과 함께 증류해 완성됩니다. 은은한 계피 향과 대나무의 청량함이 어우러지며, 첫맛은 달콤하고 끝맛은 알싸하게 마무리돼 긴 여운을 남깁니다. 32도의 강렬함 속에서도 아몬드 같은 고소한 풍미가 감돌아 깊은 맛을 느낄 수 있습니다. 주조법을 전수받은 송명섭 명인은 소량만을 정성껏 빚고 있습니다.

무주구천동 산머루주

덕유산 자연의 맛을 품은 진한 산머루 와인

농업회사법인 유한회사 덕유

주종 과실주　　**도수** 16%　　**원재료** 머루(국산), 정제수, 주정, 과당, 설탕, 메타중아황산칼륨(산화방지제), 효모, 효소처리스테비아

테이스팅 노트

향 사과, 자두, 꿀, 누룩, 대추

맛 단맛, 신맛, 쏩쏠함, 부드러운 목 넘김, 여운(지속성)

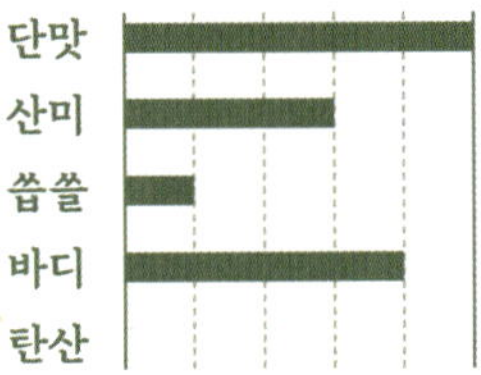

페어링 리코타 치즈, 견과류, 닭가슴살 샐러드, 생선조림

진한 보랏빛 속에 덕유산의 정취를 담은 '무주 구천동 산머루주'는 무주에서 자란 청정 머루로 빚은 과실주입니다. 덕유양조는 1994년 머루주 제조 면허를 취득한 이래로 오랜 시간 산머루의 풍미를 극대화하기 위해 끊임없이 연구해왔으며, 무주의 특산물인 산머루를 정성스럽게 발효하고 2년간 스테인리스 탱크에서 숙성해 이 술을 완성합니다. 산머루는 일반 포도보다 항산화 성분이 풍부하여 건강에 유익한 과실로 알려져 있습니다. 진하게 농축된 산머루의 과즙에서 오는 깊은 단맛과 풍부한 과일 향이 입안을 가득 채우며, 높은 도수에서 비롯된 은은한 쏩쏠함과 약간의 칼칼함이 균형 있게 어우러져, 묵직하면서도 긴 여운을 남기는 와인입니다.

이강주25%

배와 생강, 그리고 시간이 빚어낸 걸작

농업회사법인 유한회사 전주이강주

주종 리큐르　**도수** 25%　**원재료** 쌀(국산), 정제수, 배(국산), 정맥(국산), 생강(국산), 울금, 계피, 꿀, 효모, 누룩, 조효소제

테이스팅 노트
향 배, 생강, 계피, 꿀, 누룩
맛 단맛, 감칠맛, 부드러운, 여운(지속성)

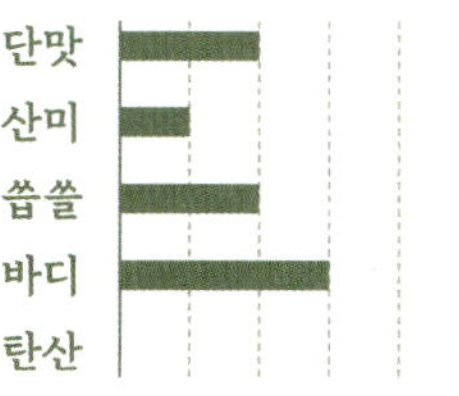

페어링 육회, 닭볶음탕, 기름진 전, 양념치킨, 배를 곁들인 불고기

배와 생강이 어우러진 향긋한 증류주, 이강주는 조선 시대 전주와 황해도에서 즐겨 빚어졌던 전통주로, 이름 그대로 배(梨)와 생강(薑)을 주요 재료로 사용합니다. 증류식 소주에 배, 생강, 울금, 계피, 꿀을 넣고 1년 이상 숙성하며, 배의 청량한 단맛, 생상의 알싸함, 계피의 은은한 향이 조화롭게 어우러집니다. 울금은 숙취를 덜고 속을 편하게 해주는 재료로 알려졌습니다. 전주에서 조정형 명인이 전통 방식으로 이어오며, 국가무형문화재 제6호로 지정되었습니다. 기존 25도, 38도 제품 외에 도수를 낮춘 19도 제품도 출시되어 있으며, 차게 마시면 배의 시원함이, 상온에서는 향신료의 풍미가 더 선명하게 느껴집니다.

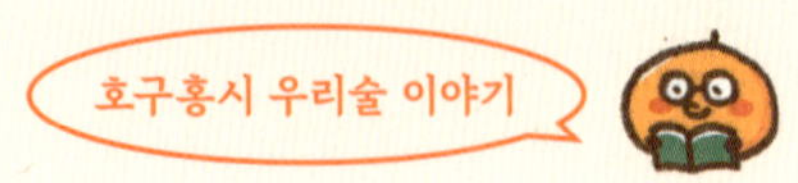

이강주는 배와 생강을 넣어 빚어
과거 '이강고'라 불렸으며,
'고아서 내리는 약'이라는 의미도 있지요.

이강주의 특징 중 하나는
다양한 도기 디자인인데요.

때마다 새로운 병 디자인으로 출시되어
취향에 맞게 선택할 수 있답니다.
(도수가 같으면 동일한 술입니다.)

경상도

금정산성막걸리

부산 금정산성의 청정 자연이 빚어낸 민속주 1호

(유)금정산성토산주

주종 탁주　**도수** 8%　**원재료** 정제수, 백미(국산), 국(밀누룩), 아스파탐(감미료, 페닐알라닌 함유), [밀함유]

테이스팅 노트

향 매실, 감귤, 누룩, 요거트, 식초

맛 신맛, 감칠맛, 무게감, 여운(지속성), 자극적인

페어링 묵은지 김치찜, 소불고기, 도토리묵, 두부김치, 파전

금정산성 막걸리는 첫 잔에서부터 강한 산미와 구수한 곡물 향으로, 일반 막걸리와는 다른 깊은 맛을 지닌 전통주입니다. 부산 금정산 해발 400미터의 자연 속에서 전통 방식 그대로 빚어지며, 술의 핵심은 500년 전통의 '족타식 유가네누룩'입니다. 베보자기에 싸서 짚신으로 밟아 만든 이 누룩은 납작한 형태로, 자연 발효 과정에서 유산균이 풍부하게 생성돼 특유의 산미와 감칠맛을 냅니다. 고두밥과 누룩을 정성껏 섞어 일주일간 발효한 뒤 체로 걸러내고, 해발 250m의 암반수를 사용해 깔끔한 맛을 완성합니다. 단맛은 적고 새콤하고 진한 풍미가 특징입니다. 2013년 식품명인으로 지정된 유청길 명인이 정통성을 지켜가고 있습니다.

꽃잠

탄산의 청량감, 산미의 여운, 꽃잠

지리산 옛술도가

주종 탁주   **도수** 6%   **원재료** 정제수, 국내산 쌀, 우리
밀 전통누룩 [밀함유(누룩)]

- -

테이스팅 노트
향 참외, 누룩, 요거트, 감귤
맛 신맛, 단맛, 톡 쏘는 맛(탄산), 균형감

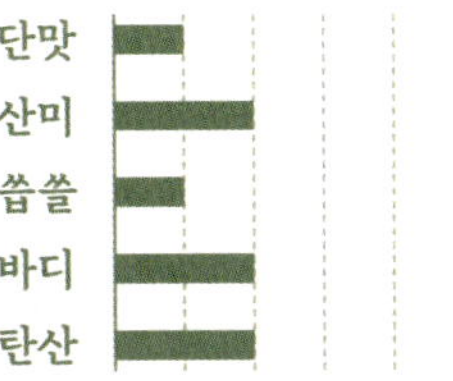

단맛	
산미	
씁쓸	
바디	
탄산	

페어링 삼겹살, 두부김치,
간장소금

물 한 방울 흐려지지 않게 백 번도 넘게 쌀을 씻는 순간부터, 꽃잠은 시작됩니다. 경남 함양산 도정 2주 이내의 쌀을 전통 '백세' 방식으로 손세척 해 잡맛의 원인을 제거하고, 우리밀 누룩과 물만을 더해 단 한 번의 발효로 완성하는 단양주입니다. 약 10일간 자연 발효히 는 동인 야생효모가 살아 있는 누룩이 복합적인 산미와 향을 형성하며, 발효 과정에서 생긴 미세한 자연 탄산이 술에 청량감을 더합니다. 꽃잠은 입안에 머금는 순간 은은한 누룩 향과 함께 참외, 풋사과를 연상케 하는 상큼한 과실 향이 퍼집니다. 곡물에서 기인한 고소한 단맛은 절제되어 있으며, 미세한 자연 탄산이 산미를 한층 또렷하게 부각시켜 상쾌하고 청량합니다.

아직 멀었어~!

완벽하게 쌀뜨물이
나오지 않을 때까지
씻어야 숙취 없이 깔끔하지.

쌀알이 깨지지 않도록
오로지 손으로만!
백세 작업은 오늘도 계속됩니다.

복순도가 손막걸리

천연 탄산의 샴페인 같은 청량감, 복순도가 손막걸리

농업회사법인 복순도가 주식회사

주종 탁주　**도수** 6.5%　**원재료** 정제수, 쌀(국산), 곡자(밀), 물엿, 설탕, 아스파탐(감미료, 페닐알라닌 함유) [밀 함유]

테이스팅 노트

향 누룩, 살구, 요거트, 달콤한 향, 감귤

맛 감칠맛, 톡 쏘는 맛(탄산), 단맛, 신맛, 부드러운

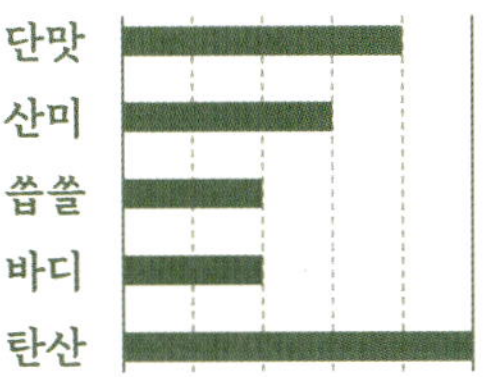

페어링 보쌈, 치킨, 해물파전

샴페인처럼 톡 쏘는 막걸리, 복순도가 손막걸리는 울산 울주군 언양의 자연과 정성이 담긴 전통주입니다. 국산 쌀과 도가에서 직접 만든 전통 누룩을 사용하고, 설탕과 물엿 등 첨가물을 최소화하여 자연 발효 방식으로 빚었습니다. 발효 과정에서 자연스럽게 생성된 천연 탄산은 이 술의 가장 큰 특징으로, 입안 가득 청량하고 생동감 있는 질감을 선사합니다. 술을 빚는 항아리 역시 볏짚을 태워 만든 전통 방식을 따르며, 이로 인해 술의 깊은 풍미가 더욱 살아납니다. 복순도가 손막걸리는 구수한 곡물의 단맛과 포근한 누룩 향, 은은한 감칠맛이 입안에 부드럽게 퍼지며, 세련된 산미와 조화를 이루어 풍부하면서도 깔끔한 맛이 납니다.

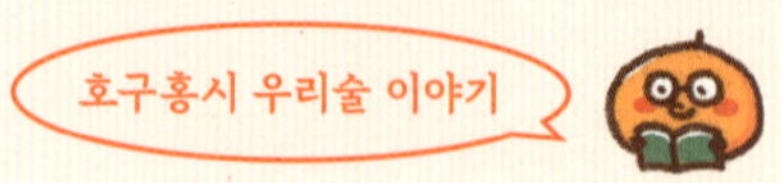

복순도가는 종종 기차역에서
매장을 만날 수 있습니다.

도시와 농촌이 함께했으면 하는
마음을 담아 기차역 매장을 운영한다고 해요.

기차를 기다리며
한잔 홀짝이거나
TAKE OUT 하는 재미.

볼빨간막걸리10

봄바람처럼 싱그러운 풋사과와 포도 향, 볼빨간 막걸리

농업회사법인 주식회사 벗드림

주종 탁주 　**도수** 10% 　**원재료** 정제수, 찹쌀(국내산), 누룩(밀), [밀함유]

테이스팅 노트
향 청사과, 포도, 꽃, 누룩
맛 단맛, 산미, 부드러운, 여운(지속성)

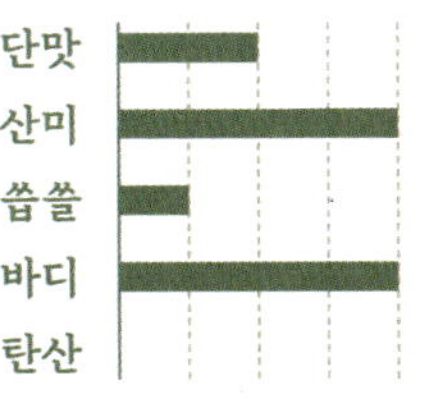

페어링 치즈 플레이트, 돼지국밥, 맥앤치즈, 닭곰탕

도수가 높아도 부드럽게 넘어가는 막걸리를 찾는다면, '볼빨간 막걸리 10%'는 눈여겨볼 만합니다. 부산 강서구의 벗드림 양조장에서 생산되는 이 수제 막걸리는 찹쌀, 전통 누룩, 정제수 세 가지 재료만 사용해 두 번 빚는 전통 이양주 빙식으로 빚어집니다. 이 술은 10도의 높은 도수에도 부드러운 복 넘김이 특징입니다. 한 모금 입에 머금으면 풋사과와 청포도 같은 상큼한 과일 향에 은은한 꽃 향, 전통 누룩에서 비롯된 고소한 곡물 풍미가 어우러져 다층적인 맛을 느낄 수 있습니다. 생막걸리로서 냉장 보관 시 유산균이 풍부하게 유지되며, 맑은 부분만 따르면 깔끔한 맛을, 침전물을 섞으면 깊고 풍부한 바디감을 느낄 수 있습니다.

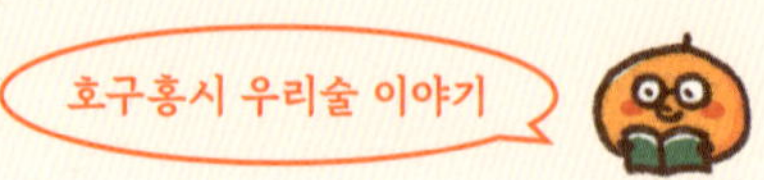

호구홍시 우리술 이야기

왜 볼빨간막걸리냐면요.

꿀꺽

캬하-
아시겠죠?

설하담

저온숙성으로 느끼는 요거트 같은 새콤달콤함

농업회사법인(주)리큐랩

주종 탁주　**도수** 6.8%　**원재료** 찹쌀(국산쌀) 15.4%, 멥쌀(국내산), 정제수, 누룩, 효모, 정제효소, 밀함유

테이스팅 노트
향 생쌀, 요거트, 엿기름, 누룽지
맛 단맛, 산미, 부드러운, 무게감, 여운(지속성)

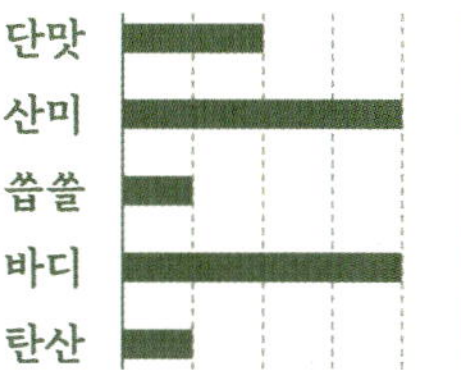

페어링 낙지볶음, 제육볶음, 찜닭, 소불고기

설하담은 요거트를 닮은 새콤달콤함과 숙성에 따라 변하는 깊은 맛으로 주목받는 부산 영도의 막걸리로 막걸리계의 스위트 와인이라는 별명을 갖고 있습니다. 부산산 쌀과 개량누룩으로 빚은 이 술은 감미료 없이 쌀 본연의 단맛을 살렸으며, 쌀 함유량을 30% 이상으로 높여 풍부한 풍미를 구현했습니다. 제조 직후에는 부드럽고 은은한 단맛이 두드러지지만, 시간이 흐를수록 산미와 드라이한 느낌이 강해지며 전혀 다른 매력을 선사합니다. 부유물이 없는 맑은 액상은 깔끔한 목 넘김을 만들어주고, 탄산은 거의 느껴지지 않아 조용하고 정제된 인상을 줍니다. 오랜 저온 숙성으로 농밀한 질감과 요거트를 연상케 하는 새콤달콤함이 입안을 감쌉니다.

오희

막걸리계의 샴페인, 오미자 스파클링 막걸리

문경주조

주종 탁주   **도수** 8.5%   **원재료** 정제수, 백미(지역햅쌀), 건오미자(문경동로산), 설탕, 조효소제, 정제효소제, 효모

테이스팅 노트

향 오미자, 감귤, 풀, 요거트, 꿀

맛 단맛, 신맛, 쏩쏠함, 감칠맛, 탄산

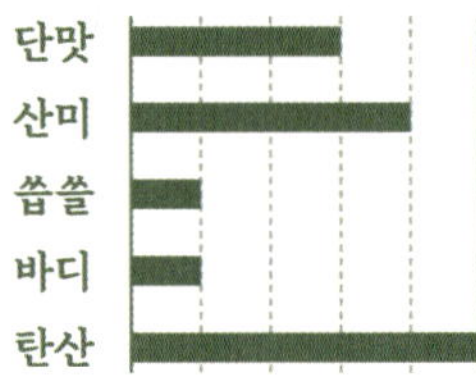

페어링 알리오 올리오, 딸기, 바지락 칼국수

샴페인처럼 터지는 탄산감과 선홍빛의 색감이 돋보이는 오희 스파클링 막걸리는 경북 문경의 특산물인 오미자로 빚은 전통주입니다. 문경주조는 좋은 원재료를 바탕으로 항아리에서 1차 발효를 거친 후 황토방에서 숙성하고, 특수 탱크에서 2차 발효를 통해 천연 탄산을 자연스럽게 형성합니다. 오미자의 다섯 가지 맛을 살리기 위해 저온에서 천천히 발효하며, 자연 발효만으로 깊은 맛과 청량함을 완성합니다. 신선한 과일 향과 은은한 산미가 인상적이며, 단맛은 절제되어 있고 오미자의 쌉쌀함과 깔끔한 뒷맛이 입안에 오래 남습니다. 강한 탄산은 샴페인을 연상케 할 만큼 풍부하지만 거칠지 않고, 누룩에서 우러난 곡물 향과 조화를 이룹니다.

이너피스 캄

내면의 고요함을 위해 빚어진 명상주

농업회사법인 상선주조(주)

주종 탁주　　**도수** 12%　　**원재료** 찹쌀(유기농, 국산), 멥쌀(유기농, 국산), 국, 효모, 서양자초잎(딜, 국산), 애플민트잎(국산), 정제수 [밀함유]

· ·

레이스팅 노트

향 박하(민트), 딜, 참외, 생쌀, 풀

맛 단맛, 산미, 감칠맛, 부드러운 목 넘김, 여운(지속성)

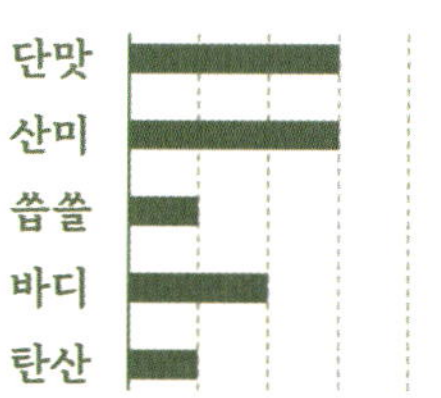

페어링 그릴드 치킨, 허브 샐러드, 요거트와 과일 디저트

이너피스 캄은 감각과 내면의 고요함을 위해 섬세하게 빚은 명상주입니다. 상주 봉강공동체 여성 농부들이 우렁이 농법으로 기른 유기농 멥쌀과 찹쌀, 정제수를 사용해 재료부터 '고요한 양조' 철학을 담았습니다. 고대 영어 'dyll'에서 유래한 딜과 국산 애플민트를 콜드브루 방식으로 침출해 식물성 아로미를 더했으며, 블렌딩 누룩으로 두 달간 저온 발효·숙성 후 100병 한정 생산한다고 합니다. 첫 향은 산뜻한 허브 향으로 시작해 딜의 풀 내음과 민트의 청량감, 곡물의 고소한 단맛이 조화를 이룹니다. 마치 젖은 숲을 거니는 듯한 촉촉한 인상과 구조감은 마시는 술이 아니라 명상을 위한 술이라는 표현이 어울립니다.

포그막 10

안개 속 신비로움을 담은 디저트 막걸리

달성주조

주종 탁주　**도수** 10%　**원재료** 찹쌀(유가찹쌀 100%), 정제수, 국, 효모 [밀함유]

테이스팅 노트
향 자두, 요거트, 참외, 찹쌀, 솔잎
맛 단맛, 신맛, 무게감, 감칠맛, 여운(지속성)

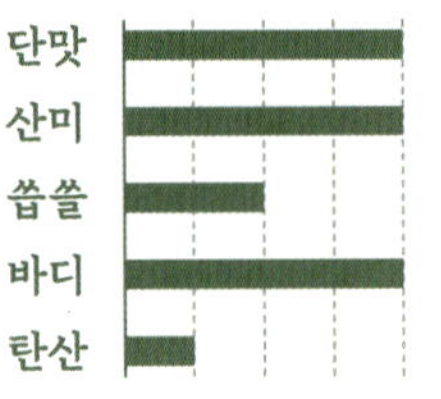

페어링 과일 샐러드, 바질 파스타, 토스트

안개처럼 부드럽고 산뜻한 막걸리, 포그막은 대구 달성군 비슬산 자락의 맑은 물과 유가 찹쌀로 빚어낸 막걸리입니다. 달성주조에서 조선시대 선비들의 합격 찰떡으로 불린 '유가 찹쌀'을 주원료로 사용하고 물을 섞지 않는 전내기 방식으로 발효시켜 빚습니다. 일반 막걸리와 달리 산미를 강조한 사워 효모를 활용해 새콤달콤한 풍미가 도드라지고, 풋자두 같은 산뜻한 향과 요거트처럼 꾸덕한 질감, 쌀의 고소함이 어우러져 독특한 맛의 조화를 이룹니다. '안개의 장막'을 뜻하는 이름처럼, 탁한 외형과 은은한 향이 겹쳐지며 마치 안개 속을 거니는 듯한 느낌을 줍니다. 단맛에만 치우치지 않고 균형 잡힌 맛 덕분에 디저트주로 잘 어울립니다.

프리미엄 막걸리 이바비

깊고 부드러운 17도 프리미엄 막걸리

농업회사법인 흥해라이팝(주)

주종 탁주　　**도수** 17%　　**원재료** 쌀(생산지:국내산 100%) 42%, 누룩(곡자) 4%, 물(정제수) 54%

....

테이스팅 노트

향 생쌀, 누룩, 갓 지은 밥, 꿀

맛 단맛, 신맛, 무게감, 여운(지속성), 부드러운

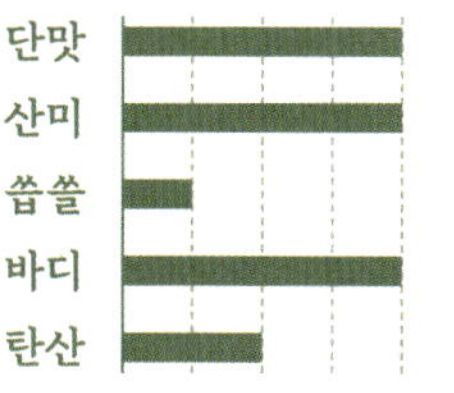

페어링 포항 해산물, 파전, 꼬막무침

한입 머금는 순간 쌀밥의 포근한 풍미가 퍼지는 이바비 막걸리는 경북 포항 흥해 지역의 명품 쌀 이팝쌀로 빚은 전통주입니다. 이바비는 흥해 사투리로 쌀밥을 의미하는데요. 포항 흥해산 이팝쌀을 깨끗이 씻어 고두밥으로 찐 뒤 식혀 누룩과 반죽히어 전통 방식으로 발효하고, 한 달간 저온 숙싱을 거쳐 희석이나 화학첨가 없이 순수한 원재료만으로 빚습니다. 희석하지 않은 17도의 원주 특유의 묵직한 바디감 위에, 이팝쌀의 신선한 곡물 향과 은은한 산미, 깔끔하고 청량한 단맛이 조화롭게 어우러져 입안 가득 깊고 진한 풍미를 남깁니다. 고도수지만 알콜 향이 강하지 않고 저온 숙성이 만들어낸 부드러운 질감과 새콤달콤한 여운이 남습니다.

경산대추약주 '추'

한 모금으로 느끼는 대추와 가을의 속 깊은 이야기

농업회사법인 미송주가(주)

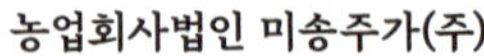

주종 약주   **도수** 16%   **원재료** 정제수, 찹쌀(국내산), 멥쌀(국내산), 대추 4.8%(국내산), 누룩, 밀 함유

테이스팅 노트
향 대추, 생강, 찹쌀
맛 단맛, 부드러운, 청량감

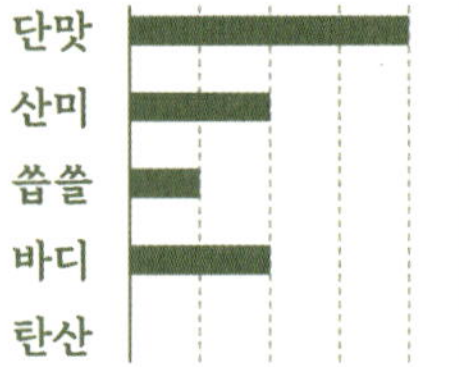

단맛
산미
쓴쓸
바디
탄산

페어링 은행 볶음, 타파스, 삼계탕, 돼지고기 수육

'경산대추약주 추'는 가을과 대추를 상징하는 술로, 경북 경산시의 미송주가에서 빚은 전통 약주입니다. 지역 특산물인 경산 대추와 찹쌀, 멥쌀 등 국내산 재료를 사용하며, 삼양주 기법을 통해 깊고 복합적인 풍미를 구현했습니다. 특히 대추의 향을 살리기 위해 과육은 달이고, 씨는 볶아 가루 낸 뒤 술에 더했다고 합니다. 인공감미료를 사용하지 않아 단맛이 과하지 않고, 대추 향과 깔끔한 질감, 부드러운 목 넘김이 잘 어우러집니다. 첫 향은 진하지만 맛은 절제되어 있어 전통 약주가 낯선 이들에게도 부담이 없습니다. 약주에 풍기는 향과는 달리 맛은 자연스럽고 은은한 대추의 향과 깔끔한 질감, 부드러운 맛이 반전 매력인 술입니다.

가을 추(秋), 대추 추(棗)
그래서 술 이름도 추라네-

한약 맛을 예상했다면
전혀 NONO!

대추헤이러들도
즐길 수 있는 술이라던데

그렇다면 나는 원래
대추 러버라 1,000배 더 좋다!

경산대추약주 '추'

교동법주

달큰한 누룩 향과 깊은 풍미, 경주 최부자 가문의 가양주

경주교동법주

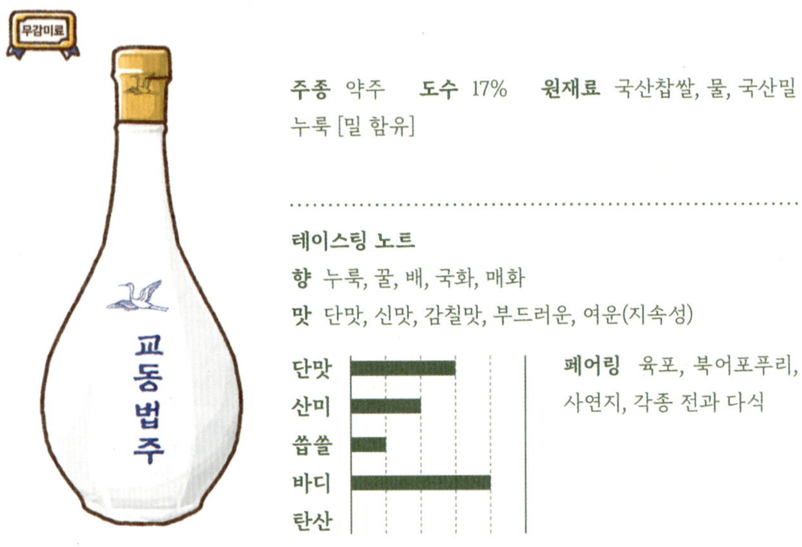

주종 약주　**도수** 17%　**원재료** 국산찹쌀, 물, 국산밀누룩 [밀 함유]

테이스팅 노트

향 누룩, 꿀, 배, 국화, 매화

맛 단맛, 신맛, 감칠맛, 부드러운, 여운(지속성)

단맛
산미
쓴쓸
바디
탄산

페어링 육포, 북어포푸리, 사연지, 각종 전과 다식

찬란한 금빛을 띠는 교동법주는 조선 숙종 때부터 경주 최부자 가문에서 약 400여 년간 전해 내려온 전통 가양주입니다. 사옹원 참봉이었던 최국선이 궁중에서 전수받은 양조법을 가문에 전하면서 시작되었고, 이후 며느리들만이 술을 빚으며 대대로 가문의 전통으로 이어졌습니다. 1986년 국가지정 중요무형문화재 제86-3호로 등재되었으며(국가무형유산), 현재는 기능보유자 최경 씨가 전통 방식 그대로 손수 빚고 있습니다. 국산 찹쌀과 밀누룩을 사용해 백일 이상 자연 숙성시켜 깊고 부드러운 맛을 냅니다. 열처리를 하지 않은 생주로 신선한 풍미와 감칠맛이 살아 있으며, 은은한 단맛과 쌉쌀한 여운, 부드러운 산미가 조화를 이루는 고급스러운 전통주입니다.

솔송주

500년 전통, 지리산 솔 향을 담은 약주

농업회사법인(주)솔송주

주종 살균약주　　**도수** 13%　　**원재료** 정제수, 쌀(국내산), 누룩(국내산[밀함유]), 송순 농축액(국내산 송순60%, 정제수40%)1.64%

테이스팅 노트
향 솔잎, 송순, 누룩, 풀
맛 감칠맛, 쏩쓸함, 산미, 부드러운, 여운(지속성)

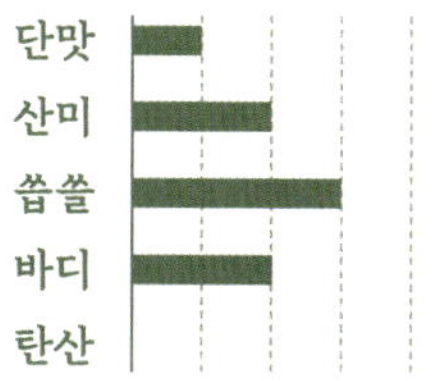

페어링 전복 간장조림, 배추전, 문어 숙회

솔잎을 머금은 산바람처럼 맑고 은은한 향이 감도는 술, 바로 솔송주입니다. 경남 함양 지리산 자락의 맑은 물과 봄철 송순, 신선한 솔잎으로 빚은 500년 전통의 약주로, 조선시대 하동 정씨 가문에서 가양주로 전해져 왔으며 박흥선 명인에 의해 그 명맥이 이어지고 있습니다. 솔송주의 가장 큰 매력은 단연 솔 향과 깔끔한 목 넘김입니다. 송순은 향이 좋은 시기에 채취해 찐 뒤 사용하며, 이 과정을 통해 떫은맛을 줄이고 술에 부드러운 향미를 더합니다. 은은한 단맛과 감칠맛이 어우러진 이 술은 알코올 도수 13도의 부드러운 발효주로, 식전주로 즐기기 좋습니다. 박 명인은 전통을 지켜온 공로로 식품명인 제27호로 지정되었습니다.

일월삼주-이주

싱그러운 과일 향과 부드러운 단맛의 약주

———

빛올

주종 약주   **도수** 14.2%   **원재료** 찹쌀(함안 무농약 찹쌀), 정제수, 누룩(밀함유), 빛올아라홍련효모

테이스팅 노트
향 청사과, 자두, 누룩, 연잎, 과일
맛 산미, 단맛, 감칠맛, 여운(지속성), 부드러운

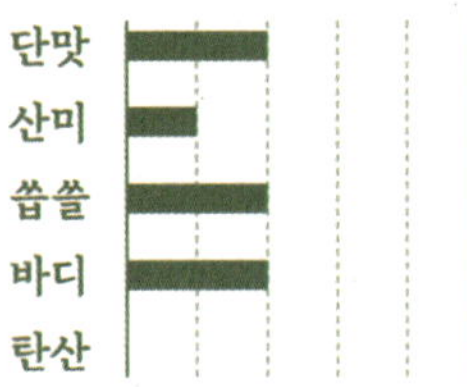

페어링 연어회, 홍합탕, 생굴, 냉채족발, 물회

일월삼주-이주는 경남 함안의 청정 무농약 찹쌀로 빚은 단양주 방식의 약주입니다. 700년 된 고려시대 연꽃 씨앗 아라홍련에서 분리배양한 야생효모로 원주를 빚어 맑게 여과한 뒤, 일정 기간 숙성을 거쳐 한층 정제된 맛을 갖추게 됩니다. 일월삼주는 '하나의 사물을 다양한 시각으로 본다'는 의미를 담고 있습니다. 청사과를 연상시키는 산뜻한 향으로 시작하여, 입안에서는 부드러운 산미와 은은한 쌀 단맛이 퍼집니다. 뒤따라오는 가벼운 바디감과 깔끔한 피니시는 부담 없이 즐길 수 있는 약주의 매력을 잘 보여 줍니다. 과하지 않은 산미 덕분에 해산물이나 담백한 음식과의 페어링에도 탁월하며, 식전 또는 식후주로도 좋은 선택이 됩니다.

일월삼주는
'하나의 달을 세 개의 배에서 본다'라는 뜻으로,

마시는 이에 따라 서로 다른
맛과 향을 느끼는 술이라는 의미를 가지고 있습니다.

'일주'는 탁주　　'이주'는 약주　　'삼주'는 증류주
(출시 예정)로
구성되어 있답니다.

일월삼주-이주

만월 40

달콤한 복분자 향과 청량한 목 넘김을 가진 고(高)도수 증류주

농업회사법인(주)착한농부

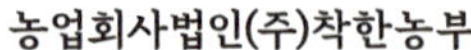

주종 일반증류주   **도수** 40%   **원재료** 단수수(국내산)증류원액, 복분자(국내산)과즙, 합성향료(복분자 향), 정제수

테이스팅 노트

향 복분자, 붉은 사과, 누룩

맛 단맛, 산미, 부드러운, 여운(지속성), 목 넘김

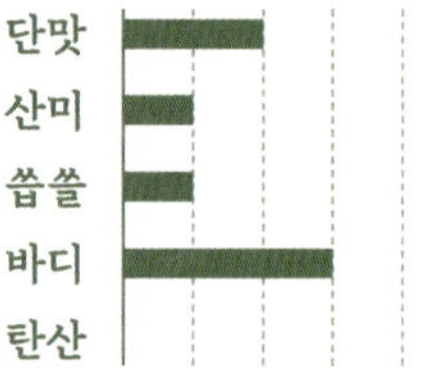

페어링 장어구이, 전, 구절판, 중식 요리

한 모금에 복분자의 풍미가 터지는 '만월 40'은 경북 예천에서 자란 국내산 복분자를 사용해 만든 증류주입니다. 40도라는 높은 도수에도 불구하고 놀라울 만큼 깔끔한 목 넘김과 은은한 복분자 향이 조화를 이루며, 농익은 과실의 새콤달콤한 향이 입안에 기분 좋게 맴돕니다. 단수수 증류 원액과 복분자 과즙을 함께 사용해 무게감 있는 바디감과 함께 청량한 마무리를 완성하였으며, 색소를 첨가하지 않아 자연스럽게 형성된 붉은빛이 인상적입니다. 다만 햇빛에 노출될 경우 색이 황색으로 변할 수 있어 냉암소 보관이 권장됩니다. 만월 40은 증류주의 강도 속에서도 복분자의 진한 향과 맛으로 과일주의 부드러운 매력을 균형있게 품어냅니다.

문경바람(백자)40%

우리 술의 새로운 바람, 사과 향 가득한 사과 증류주

농업회사법인(주)제이엘 (OmyNara)

주종 일반증류주   **도수** 40%   **원재료** 증류원액 100%[사과(국내산), 설탕, 효모]

테이스팅 노트
향 사과, 연꽃, 매화, 바닐라
맛 단맛, 산미, 부드러운, 목 넘김, 여운(지속성)

단맛	
산미	
쓴쓸	
바디	
탄산	

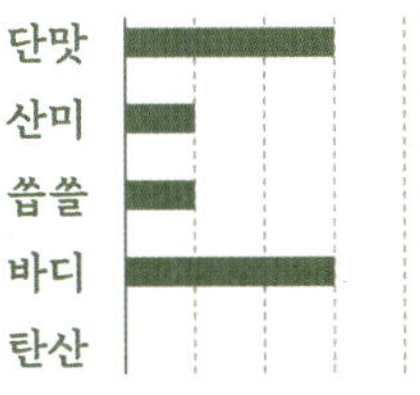

페어링 쇠고기 갈비구이, 안심구이, 수육, 닭볶음, 삼겹살, 생선회(고등어회 등)

사과 향이 깊게 퍼지는 한 잔, 문경바람(백자)은 문경산 고당도 사과로 빚은 40도 사과 증류주입니다. 큰 일교차와 맑은 자연환경에서 자란 문경 사과는 발효와 두 차례 상압식 동 증류를 거쳐 백자 항아리에서 약 1년간 정성껏 숙성됩니다. 한 병당 약 7.5개의 사과가 들어가는데요. 응죽된 문경 사과의 향이 코끝을 자극하며 첫 모금에는 백자 숙성을 거친 고운 단맛과 은은한 산미가 어우러집니다. 곧이어 입안 가득 퍼지는 화사한 꽃향기와 함께 높은 도수가 주는 짜릿한 알코올 감이 목을 타고 부드럽게 흘러내립니다. 여운으로는 말린 사과칩 같은 깊은 단 향이 오래도록 맴도는, 기품과 강렬함이 조화롭게 공존하는 사과 증류주입니다.

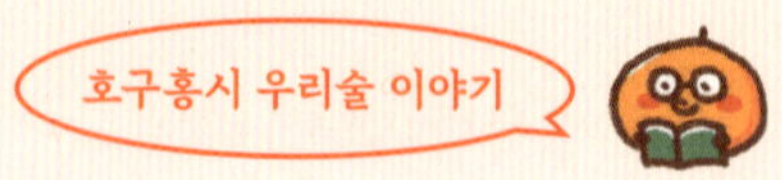

조선시대에 유생들이
과거시험을 보러 한양으로 갈 때

추풍령으로 가면 추풍낙엽처럼 떨어지고,
죽령으로 가면 죽- 미끄러진다고 하여
문경으로 가는 길을
많이 이용했다고 해요.

문경에서 기쁜 소식을
바라는 '바람'을 담아
술을 빚습니다.

사과를 증류한 술을 오크통에 숙성하면 '문경바람 오크',
백자통에 숙성하면 '문경바람 백자'가 된답니다.

민속주 안동소주

고소한 곡 향과 맑은 풍미를 자랑하는 전통 증류식 소주

민속주 안동소주

주종 증류주　　**도수** 45%　　**원재료** 멥쌀(국내산), 누룩 (통밀)

테이스팅 노트
향 누룩, 생쌀, 밀, 버터, 감초
맛 감칠맛, 단맛, 쓴맛, 무게감, 여운(지속성)

페어링 안동찜닭, 문어 숙회, 소고기 육회, 제철 생선회

안동소주는 한국 전통 증류식 소주의 원형으로, 중동에서 전해진 증류기술이 안동 명가의 가양주로 발전해 오늘날까지 이어진 술입니다. 이 전통을 故 조옥화 명인이 복원해 경북 무형문화재 제12호와 전통식품명인 제20호로 지정되었으며, 현재는 아들 김연박 명인과 며느리 배경화 여사가 그 명맥을 잇고 있습니다. 국내산 멥쌀과 손수 만든 누룩, 깨끗한 물만을 사용해 술을 빚으며, 통밀을 갈아 만든 누룩과 고두밥을 섞어 항아리에서 3주간 발효한 뒤 상압 증류를 거쳐 최소 1년 이상 숙성합니다. 진하게 우린 보리차의 고소한 향과 함께, 알싸한 자극과 은은한 쓴맛이 길게 남아 입안을 맑게 정리해주는, 깊고 단단한 품격의 술입니다.

진맥소주

고소한 밀의 향과 깊은 감칠맛, 안동 진맥소주

농업회사법인(주)밀과노닐다

주종 소주　　**도수** 40%　　**원재료** 소주원액 100%

테이스팅 노트

향 밀, 국화, 누룩, 아카시아, 꿀

맛 감칠맛, 단맛, 균형감, 부드러움, 여운(지속성)

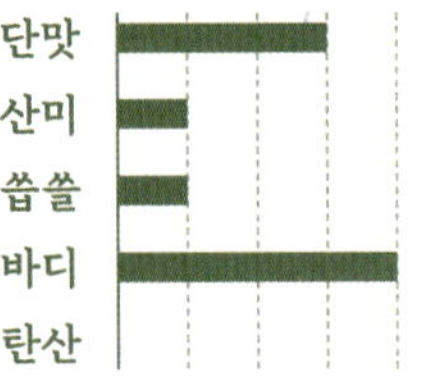

페어링 삶은 육류(수육), 신선한 회(참치회, 문어숙회), 하몽, 담백한 해산물

갓 구운 빵을 떠올리게 하는 고소한 향, 입안에 감도는 은은한 단맛. 안동 진맥소주는 밀의 풍미를 담은 증류식 소주입니다. 경북 안동 맹개마을에서 직접 기른 통밀을 찐 후 누룩과 함께 세 번 담가 저온에서 천천히 발효하고, 상압 증류기로 두 차례 증류한 뒤 6개월에서 2년간 숙성합니다. 기계 없이 손으로 빚는 이 술은 한 병을 만들기까지 약 2년이 걸립니다. 통밀 특유의 고소함과 희미한 누룩 향이 조화를 이루며, 감칠맛과 함께 부드러운 목 넘김을 남깁니다. 도수는 40도이지만 자극적이지 않고, 넘긴 뒤에는 은근한 스파이시함이 코끝을 간질이며 긴 여운을 남깁니다. 쌀 기반의 소주와는 또 다른 밀소주만의 개성이 살아 있습니다.

진맥소주

1540년경 조선시대 선비 김유가 완성한
요리서 <수운잡방>에

밀로 만든 소주
'진맥소주'가
나온다고 합니다.

'진맥(眞麥)'은 밀의 옛말

진맥소주

264청포도와인 절정

청포도 시인 이육사의 정신을 빚은 화이트 와인

264청포도와인

주종 과실주(포도주)　　**도수** 13.5%　　**원재료** 포도 92%(안동 청수 100%), 메타중아황산칼륨(산화방지제), 효모, 설탕

테이스팅 노트
향 청사과, 버터, 아카시아
맛 신맛, 쏩쏠함, 떫은맛, 부드러운

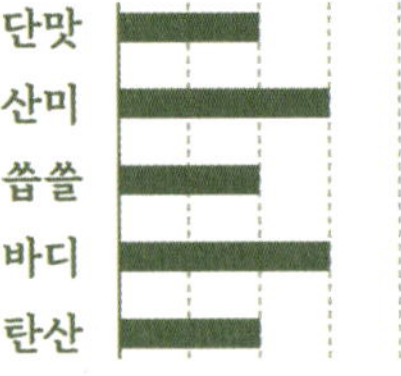

단맛
산미
쏩쏠
바디
탄산

페어링 연어 스테이크, 흰 살생선회, 생선찜

264 청포도와인은 독립운동가이자 민족 시인 이육사 선생의 시 '청포도'에서 영감을 받아 만든 화이트 와인입니다. 시에 나오는 "내 고장 칠월은 청포도가 익어가는 시절"의 배경인 경북 안동시 도산면에서 자란 청수 품종 청포도를 사용해 빚은 국산 와인이죠. 이육사 와인 시리즈 중 하나인 <절정>은 그의 또 다른 시에서 따온 이름으로, 매운 계절의 채찍에 맞서는 강인한 정신을 담고자 껍질째 발효하는 독특한 방식으로 양조됩니다. 일반적인 화이트 와인보다 드라이하고 쏩쏠한 맛이 더해지며, 단맛과 신맛, 떫은맛이 함께 어우러지는 것이 특징입니다. 이름의 '264'는 이육사 선생의 수인번호로, 와인에 담긴 상징성을 더합니다.

애피소드 애플사이더

가볍고 상큼한 저(低)도수 사과 탄산주

(주)한국애플리즈

주종 과실주 **도수** 3.5% **원재료** 사과와인(사과과즙: 국내산, 설탕, 효모, 호프), 정제수, 정제주정, 사과농축액(국내산, 72brix)1.96%, 고과당, 설탕, 탄산가스, 구연산(산도 조절제), 사과산(산도 조절제), 소르빈산칼륨(합성보존료), 사과 향(합성착향료)

테이스팅 노트

향 붉은 사과, 청사과, 달콤한 향, 파인애플

맛 단맛, 신맛, 톡 쏘는 맛(탄산), 부드러움

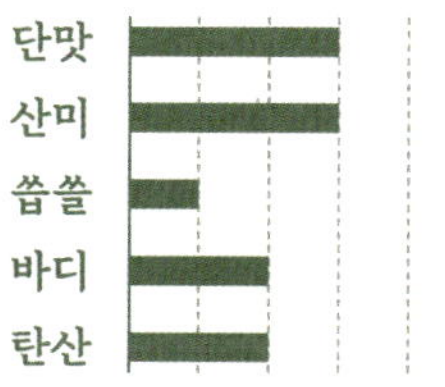

페어링 신선한 과일 샐러드, 크래커, 감자칩, 튀김류(새우튀김, 고구마튀김 등), 햄버거

한 모금 머금는 순간, 갓 베어 문 사과의 상큼함이 입안 가득 퍼집니다. 애피소드 애플사이더는 경북 의성의 과수원에서 자란 사과를 주원료로, 한국애플리즈에서 만든 저(低)도수 스파클링 사과주입니다. 도수는 3.5%로 낮아 누구나 부담 없이 즐길 수 있으며, 프랑스 전통 시드르(Cidre)에서 영감을 받되 오크통 대신 한국의 전통 옹기 항아리에서 숙성해 차별화를 꾀했습니다. 이 방식 덕분에 사과 본연의 깊은 풍미와 달콤한 향이 은은하게 살아나며, 산뜻한 탄산감과 조화로운 단맛과 산미가 어우러집니다. 주스처럼 친근하면서도 발효주의 고급스러움을 갖춘 이 술은, 일교차 크고 햇살 좋은 의성의 자연이 빚은 사과 과실주입니다.

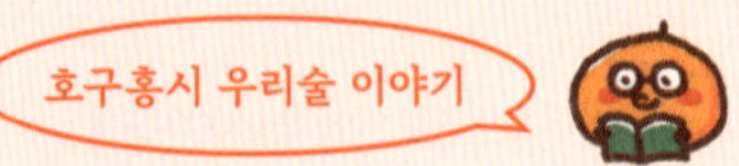

한국식 사과 와인의
차별화를 위해 오크통이 아닌
한국의 전통 옹기 항아리에서
숙성시킨다고 해요.

젤코바감와인홍시

상주 특산물로 빚은 중독성 있는 홍시 화이트 와인

농업회사법인(주)젤코바와이너리

주종 과실주　　**도수** 10.5%　　**원재료** 감·홍시-국내산 100%, 백설탕, 효모, 메타중아황산칼륨(산화방지제), [이산화황함유]

테이스팅 노트
향 감귤, 복숭아, 배, 꿀, 누룩
맛 단맛, 신맛, 감칠맛, 여운(지속성)

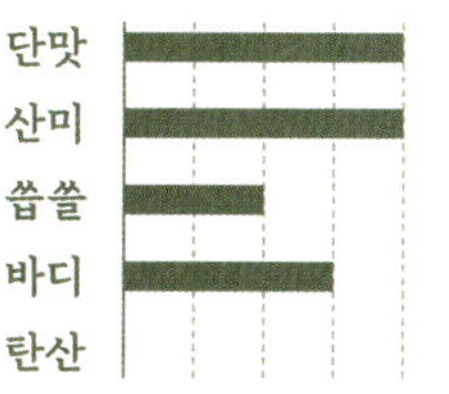

페어링 생선회, 까르보나라, 치즈 플레이트, 바스크 치즈 케이크

무르익은 가을 상주감으로 빚은 젤코바 홍시 와인은 경북 상주의 자연과 시간이 만들어낸 깊고 진한 풍미를 담은 스위트 화이트 와인입니다. 늦가을에 수확한 상주감을 으깬 뒤, 저온에서 3개월간 천천히 발효시키고 다시 1년간 숙성하여 완성됩니다. 곶감을 떠올리게 하는 진득한 단맛과 감식초를 한 방울 넣은 듯 은은한 산미가 어우러져 단조롭지 않은 입체적인 풍미를 보입니다. 젤코바와이너리는 오직 상주산 청정 감과 효모만으로 정통 발효 방식으로 와인을 빚습니다. 차게 마시면 더욱 선명해지는 감의 달콤함과 산미의 균형은 와인 초보자부터 애호가까지 모두 만족시킬 수 있는 매력을 지녔습니다.

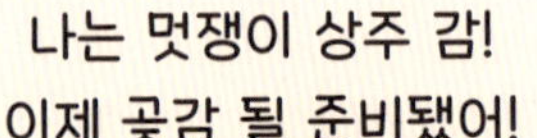

호구홍시 우리술 이야기

나는 멋쟁이 상주 감!
이제 곶감 될 준비됐어!

<상주 명물 감>

와인이라고?

아니야! 너는 특별한
홍시 와인이 될 거야!
젤코바와인

크라테 미디엄드라이

한국의 아마로네, 3년 숙성의 중후한 산머루 와인

수도산 와이너리

주종 과실주   **도수** 11.5%   **원재료** 산머루(국내산), 효모, 설탕, 메타중아황산칼륨 [산화방지제]

테이스팅 노트
향 블랙베리, 바닐라, 장미, 훈연 참나무, 후추
맛 단맛, 신맛, 떫은맛(수렴성), 균형감, 여운(지속성)

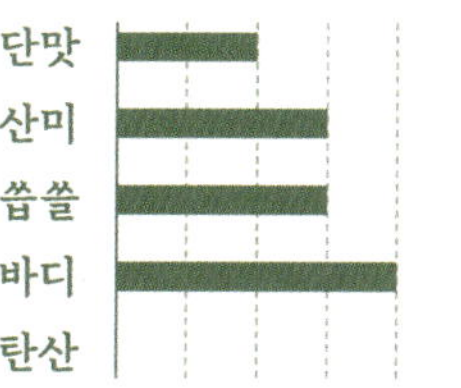

| 단맛 | 산미 | 쓸쓸 | 바디 | 탄산 |

페어링 등심 스테이크, 훈제연어, 버섯구이, 소금 숙성 삼겹살

한 모금에 농익은 산머루의 깊이를 담은 크라테 미디엄드라이는 경북 김천 수도산 와이너리에서 생산된 프리미엄 유기농 산머루 와인입니다. 수확한 산머루를 나무에서 자연 건조한 뒤 이탈리아의 독특한 전통 양조법인 아마로네 방식으로 빚어 당도와 풍미를 끌어올렸으며, 이후 3년 이상 오크통에서 숙성되어 삼나무, 바닐라, 블랙베리 향이 고르게 어우러집니다. 알코올 도수는 11.5%로 부담 없이 즐길 수 있으면서도, 진한 바디감과 함께 묵직한 여운을 남깁니다. 연 3,600병만 한정 생산되며, 모든 공정은 수작업으로 이루어집니다. 전직 복서 출신의 백승현 대표가 양조를 책임지며, 한국 와인의 새로운 가능성을 이끌고 있습니다.

도원결의15

영덕 복숭아 향 가득한 부드러운 증류주

농업회사법인 (주)영덕주조

주종 리큐르　　**도수** 15%　　**원재료** 정제수, 복숭아(국내산100%, 1.15%), 증류원액, 복숭아 향(천연향료), 포도당, 효소처리스테비아, 구연산

테이스팅 노트
향 복숭아, 살구, 꿀, 매화
맛 단맛, 산미, 부드러운, 목 넘김, 여운(지속성)

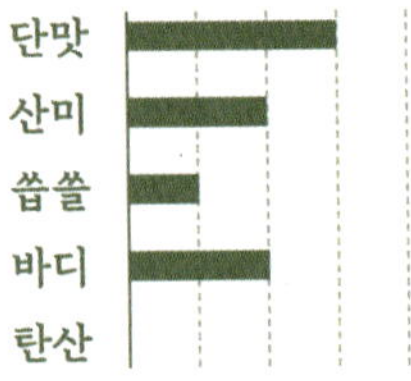

페어링 깐풍기, 치즈 불고기 피자, 허니 간장 치킨

도원결의 15는 경북 영덕의 해풍을 맞고 자란 복숭아로 만든 15도 리큐르입니다. 유비, 관우, 장비가 복숭아나무 아래서 의형제를 맺은 도원결의 일화에서 영감을 얻어 '좋은 사람들과 함께 마시는 술'이라는 의미를 담았습니다. 국내산 쌀을 발효시켜 증류원액을 만든 후, 영덕 복숭아 1.15%를 첨가하여 전통 발효기법으로 빚어냅니다. 이후 6개월간 장기 숙성을 거쳐 복숭아의 달콤하고 청량한 향이 자연스럽게 우러나도록 합니다. 완성된 술은 투명하고 맑은 빛깔을 자랑하며, 잘 익은 백도와 살구 같은 진한 복숭아 향이 특징입니다. 목 넘김이 부드럽고 과하지 않은 단맛과 상큼함의 조화를 이루며, 깔끔한 여운으로 누구에게나 적합합니다.

복숭아나무 아래서
형제가 되기를 맹세를 했네-

유비 관우 장비가 복숭아밭에서
의형제를 맺는다는 사자성어 '도원결의'

이런 이야기엔,
좋은 복숭아 술 한 잔 곁들여야죠!

제주도

제주도

떠먹는 오메기 강술

떠먹는 막걸리의 새로운 맛, 제주 오메기 강술

농업회사법인(주)이시보

주종 탁주　　**도수** 9%　　**원재료** 좁쌀(국내산), 정제수, 누룩(밀함유), 정제효소제

테이스팅 노트
향 누룽지, 생쌀, 아몬드, 구기자, 메주
맛 단맛, 신맛, 쓴맛, 부드러운, 무게감

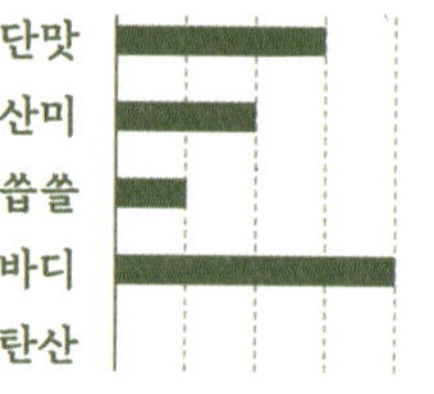

페어링 견과류 아몬드 슬라이스, 크래커, 카나페, 한식 다과

물 한 방울 섞지 않고 발효한 '떠먹는 오메기 강술'은 제주 서귀포에서 자란 좁쌀로 만든 전통 막걸리입니다. 과거 제주 목동인 말테우리가 산에서 즐기던 술로, 오메기떡을 빚듯 쪄낸 좁쌀에 물을 섞지 않고 발효해 진한 맛이 특징입니다. 이시보 양조장은 전통을 되살려 좁쌀을 곱게 갈아 오메기떡을 삶은 뒤, 25도에서 식혀 누룩과 섞고 자연 발효를 거쳐 농밀한 강술을 완성합니다. 이화주처럼 떠먹는 방식이지만 제주 서민의 일상 속 술이었다는 점에서 더욱 정겹습니다. 수저로 떠 먹으면 녹진하고 묵직한 질감을 느낄 수 있는데요. 첫맛은 달큰하고 구수한 곡물의 풍미가 입안에 가득 찹니다. 은은한 단맛에 깔끔하면서도 깊고 진한 맛이 특징입니다.

떠먹는 오메기 강술

'강술'은 제주 지방의 독특한 술로

과거 제주도 목동들이
산에 올라갈 때 가볍게
들고 다니며 즐기던 술입니다.

제주에는 술병을 빚을 흙이 적어
물 타지 않은 걸쭉한 술을 호박잎에 감싼 뒤
산에 올라 물에 풀어마셨다고 전해집니다.

된장처럼 녹진한 텍스처의
강술을 그대로 떠서 드시거나
과거 전통방식대로
물에 타서 즐겨보세요.

제주우도땅콩생막걸리

우도의 토양이 만들어 낸 땅콩의 고소한 맛

(영)우도땅콩막걸리 낙화곡주

주종 탁주　**도수** 6%　**원재료** 정제수, 쌀(국내산), 입국(쌀국내산), 우도땅콩(땅콩분말100%)1.79%(제주우도산), 조제종국, 효모, 아스파탐(감미료, 페닐알라닌함유), 아세설팜칼륨(감미료) [땅콩 함유]

....

테이스팅 노트

향 땅콩, 갓 지은 밥, 누룩, 버섯
맛 감칠맛, 신맛, 목 넘김, 무게감

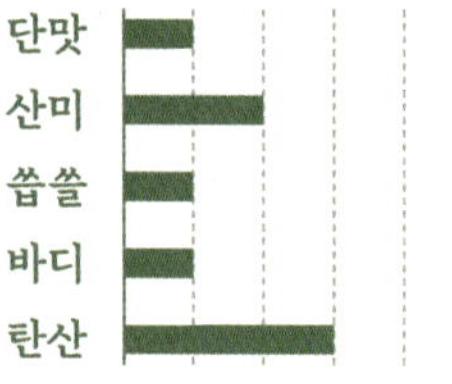

페어링 두부김치, 매콤한 김치찜, 달콤한 디저트

낙화곡주의 우도땅콩막걸리는 작지만 고소한 맛으로 잘 알려진 제주 우도산 땅콩을 활용해 만든 지역 특산주입니다. 당분이 거의 남지 않는 완전발효 방식으로 빚어 깔끔한 목넘김이 특징입니다. 전라남도 완도와 해남산 쌀을 활용해 밑술을 짓고, 입국조차 직접 제조하여 전통 방식 그대로 만듭니다. 특히 우도산 땅콩은 볶은 뒤 미세 분말화하여 2단 담금 시 투입되며, 이 과정을 통해 고소한 풍미가 진하게 배어납니다. 단맛을 억제한 담백한 술과 땅콩 향에 단맛을 더한 달큰한 술 두 가지 버전으로 출시되어 취향에 따라 선택할 수 있습니다. 담백한 버전은 산미가 적고 깔끔하며, 달달한 버전은 부드럽고 여운이 긴 땅콩 향이 인상적입니다.

제주우도땅콩생막걸리

제주우도땅콩생막걸리

오메기술 13%

오메기떡 하나 주면 오메기술 주지!

제주샘영농조합법인

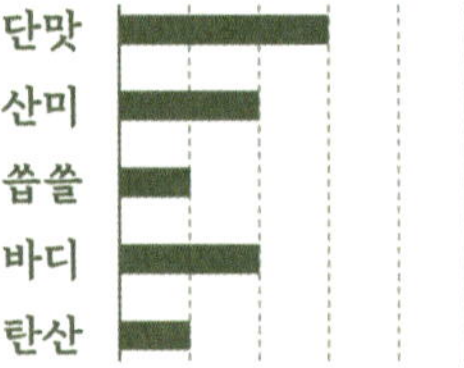

주종 살균약주 **도수** 13% **원재료** 정제수, 백미(국내산), 입국(국내산), 차조(국내산), 조효소제, 효모(팽창제), 정제효소, 액상과당, 감초, 조릿대, 개똥쑥

....

테이스팅 노트
향 약재, 감초, 쑥
맛 부드러운, 고소한, 달콤한

단맛
산미
쓴쓸
바디
탄산

페어링 육회나 치즈처럼 풍부한 맛을 가진 음식

'오메기'는 제주 방언으로 찰기가 있는 좁쌀인 '차조'를 뜻합니다. 차조는 쌀이 귀했던 시절, 밥이나 떡, 술을 만들 때 주로 사용됐고, 쌀 없이도 찰진 밥맛을 내는 귀한 잡곡이었는데요. 예로부터 제주 사람들은 음력 9월, 차조를 수확하면 그해 가을부터 이듬해 봄까지 오메기술을 빚었습니다. 지금은 현대인의 입맛에 맞춰 쌀과 차조를 주재료로 술을 만들어요. 오메기술의 특징은 부드러움과 은은한 단맛입니다. 한라산 아래의 제주 암반수를 사용하여 물의 목넘김이 부드럽고 차조의 달달하고 고소한 맛이 잘 드러납니다. 오메기술은 13도와 15도 술이 있으며, 도수 차이가 나기 때문에 맛과 향은 15도의 술이 조금 더 진한 편입니다.

제주는 화산 섬이라 토양이
벼농사에 적합하지 않아,

쌀 대신 조, 메밀, 보리 등
밭농사가 주로 이뤄졌고

주식인 차조(좁쌀) 가루를
이용해서 만든 전통 떡이
바로 오메기떡이에요.

(사 먹는 떡과는 또 다른 모습)

이 오메기떡을 발효하면
오메기술이 되고,

오메기술을 소줏고리에
숙성하면 제주 고소리술이 된답니다!

오메기술 13%

제주곳밭 제주메밀 맑은술

제주 메밀의 신선한 고소함과 풍미를 담은 과하주

제주곳밭 농업회사법인 주식회사

주종 약주　　**도수** 16%　　**원재료** 정제수, 쌀(국내산), 증류원액(쌀 100%), 볶은메밀(제주산), 밀누룩(국내산), 효모

테이스팅 노트

향 누룽지, 생쌀, 밤, 아몬드, 누룩

맛 단맛, 신맛, 쓴쓸함, 균형감, 부드러운

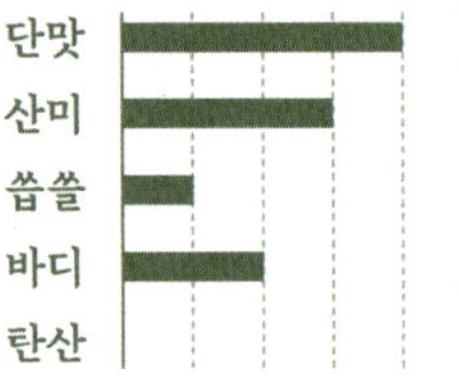

페어링 방어회, 고등어회, 메밀국수, 파스타

'제주메밀 맑은술'은 제주도의 메밀과 찹쌀을 이용해 만든 약주로, 찹쌀로 빚은 술에 자체 증류한 증류주를 더해 풍미와 도수를 높인 과하주 방식으로 만들어집니다. 볶은 메밀이 첨가되어 시간이 지날수록 고소한 향과 깊이가 더해지고, 찹쌀의 은은한 단맛과 어우러집니다. 이 술은 계절에 따라 시원하게 혹은 따뜻하게 즐길 수 있습니다. 양조장인 곳밭은 제주 '파치' 농산물을 활용해 지역 자원을 순환시키는 양조 문화를 추구하고 있으며, 제주메밀 맑은술 또한 그 철학이 반영된 술입니다. 볶은 메밀의 구수한 풍미와 찹쌀의 은은한 단맛이 고르게 어우러지며, 부드럽고 맑은 질감 속에 은은한 곡 향과 고소한 끝맛이 길게 남습니다.

kiwi술

달콤 상큼한 제주 골드키위 향이 가득한 증류주

술도가제주바당

주종 일반증류주   **도수** 40%   **원재료** 키위(제주산), 설탕, 효모

테이스팅 노트
향 키위, 청사과, 박하(민트), 풀
맛 단맛, 산미, 쏩쏠함, 목 넘김, 부드러운

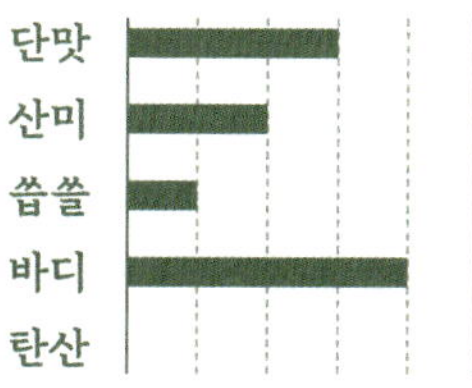

페어링 크림새우, 삼겹살, 참치타다끼

한 모금 머금는 순간 상큼한 키위 향이 인상적인 키위술은, 제주산 골드키위를 발효하고 감압 증류해 만든 40도 증류주입니다. 제주 청정 자연과 유럽식 증류 방식 '슈냅스(Schnapps)' 기법이 결합되어 키위의 신선한 향과 달콤함을 담아냈습니다. 과육을 발효한 뒤 낮은 온도에서 천천히 증류해 과일 고유의 풍미를 살렸고, 한 달간의 숙성을 통해 향을 더욱 농축시켰습니다. 제주 화산암반수와 키위, 효모만으로 제조되어 마무리가 깔끔하며, 5kg의 키위가 담긴 한 병에는 제주의 햇살과 바람이 스며 있습니다. 높은 도수에도 부드러운 목 넘김을 자랑하는 이 술은 전통과 현대 기술이 조화를 이룬 제주만의 독창적인 증류주입니다.

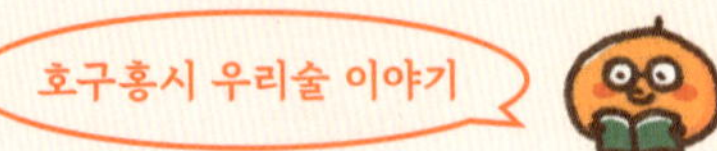

라벨에는 뉴질랜드 국조인
키위새가 키위술을 맛보러
제주 한라산을 찾는다는
귀여운 이야기가 담겼답니다.

미상25

서귀포의 햇살을 담은 제주 감귤 증류주

농업회사법인 (주)시트러스

주종 일반증류주　　**도수** 25%　　**원재료** 감귤(제주산)
증류주원액, 정제수, 스테비올배당체

테이스팅 노트
향 감귤, 청사과, 오크, 박하(민트)
맛 단맛, 쓴맛, 부드러운, 목 넘김, 여운(지속성)

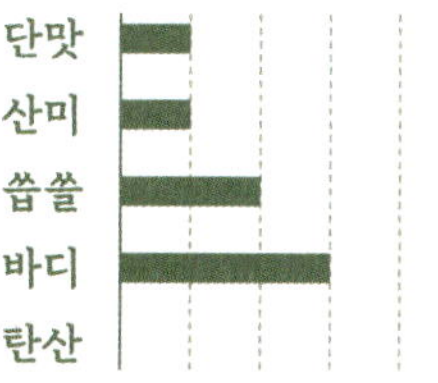

페어링 삼겹살 구이, 해산물 요리, 수육

미상25는 제주 서귀포 신례리 감귤을 발효해 만든 전통 증류주입니다. 껍질을 벗긴 감귤 과육을 통째로 착즙한 뒤 농촌진흥청 산하 감귤연구센터에서 특허받은 효모를 사용하여 저온 발효합니다. 감압과 상압에서 두 차례 증류를 거치고 1년여간 숙성 후 오크통에서 숙성한 감귤 증류 원액과 블렌딩해 완성합니다. 감귤의 상큼한 향과 은은한 단맛, 부드러운 목 넘김이 특징이며, 마지막에 더해지는 오크 향이 풍미에 깊이를 더합니다. 25도의 높은 도수에도 깔끔하고 가벼운 질감을 유지해 누구나 부담 없이 즐길 수 있습니다. 신선한 감귤을 담은 듯한 생기와 함께, '맛의 위상을 높인다'라는 이름처럼 미상25는 감귤 증류주의 진수를 보여줍니다.

1950 씨유앳더탑(정상에서 만납시다)

제주의 정수, 오크 숙성 감귤 화이트와인

농업회사법인(주)제주양조장

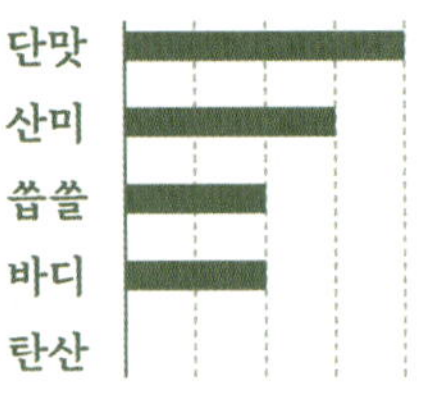

주종 과실주　　**도수** 12%　　**원재료** 제주도 감귤 100%

테이스팅 노트
향 감귤, 매화, 연꽃, 감초
맛 단맛, 산미, 균형감, 목 넘김

단맛	
산미	
쏩쓸	
바디	
탄산	

페어링 갈치 조림, 해산물 요리, 치즈, 과일

'정상에서 만나자'는 뜻을 담은 1950 씨유앳더탑은 제주 감귤로 빚은 고품질 화이트 와인입니다. 한라산 해발 1,950m의 상징처럼 높은 목표를 향한 도전을 응원하는 의미를 담고 있습니다. 제주의 깨끗한 자연 속에서 자란 감귤을 저온에서 천천히 발효하고, 오크통에서 숙성해 깊이 있는 풍미를 완성합니다. 감귤 껍질의 상큼한 향과 과육의 달콤함, 귤잎의 은은한 초록 내음이 조화롭게 어우러지며, 입안에는 싱그러운 산미와 함께 부드러운 감귤의 단맛이 균형 있게 퍼집니다. 연한 호박빛의 색감과 은근한 부케 향이 어우러져 긴 여운을 남기며, 와인을 처음 접하는 이들도 부담 없이 즐길 수 있는 편안한 매력을 지닌 와인입니다.

녹고의눈물

제주 자연을 담은 오가피 발효주, 녹고의 눈물

농업회사법인(주)토향

주종 기타주류　**도수** 16%　**원재료** 추출액(제주섬오가피, 정제수), 포도당, 효모

테이스팅 노트
향 풀, 흙, 생강, 대추
맛 산미, 쓴쓸함, 부드러운, 목 넘김, 무게감

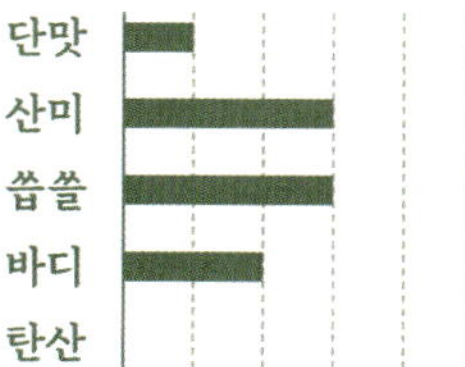

페어링 전복요리, 생선회, 고등어 조림, 굴찜

제주의 전설이 깃든 술, '녹고의 눈물'은 제주섬오가피 건재를 원액추출해 만든 전통 약술입니다. 제주 청정 자연에서 5년 이상 자란 섬오가피를 사용해 60일간 발효하고 1년 동안 저온 숙성하여 완성됩니다. 섬오가피는 제주 10대 약용 작물 중 하나로, 예로부터 동의보감에도 기록된 약초이며, 제주에서는 약술의 재료로 사용했습니다. '녹고의 눈물'이라는 이름은 수월봉 녹고물 오름에 전해 내려오는 전설에서 유래했는데, 병든 어머니를 위해 약초를 구하다 누이를 잃은 동생 녹고의 슬픔이 눈물이 되어 바위틈에서 샘솟았다는 이야기입니다. 투명한 갈색 빛에 은은한 향, 산미와 쌉싸름함, 그리고 부드러운 점성 있는 바디감이 어우러진 술입니다.

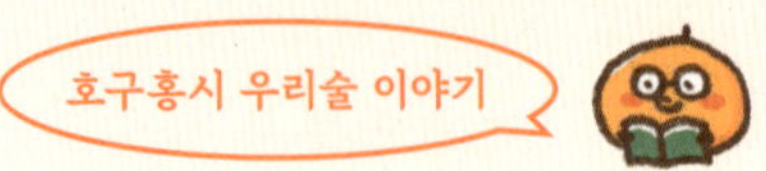

의좋은 남매였던 수월과 녹고는
병든 어머니를 위해 100가지의
약초를 구하던 중,

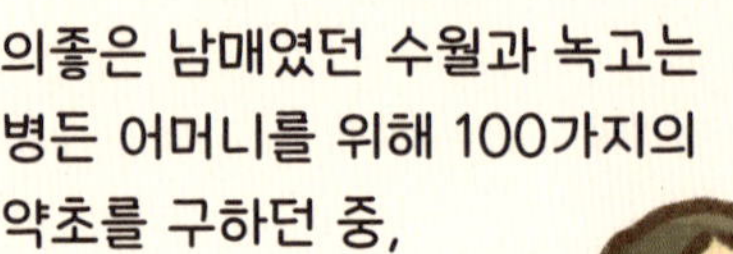

절벽을 오르다 수월이
발을 헛디뎌 목숨을 잃고,

이후 녹고의 눈물이 바위틈에서
끊임없이 솟아났다는 제주의 옛 설화를 담아,
귀한 오가피로 빚은 술입니다.

Part 3

우리술을 더 즐겁게

우리술을 더 즐겁게

우리술 투어를 가자!

지역별로 특색 있는 우리술의 숨겨진 이야기와 맛과 향을 알아봤으니 이제는 더 적극적으로 우리술을 즐길 차례입니다. 책으로만 읽고 집에서만 마시기엔 우리술의 세계가 너무나 넓고 깊거든요. 마치 와인 애호가들이 프랑스 보르도나 이탈리아 토스카나를 찾듯, 위스키 애호가들이 스코틀랜드 증류소를 순례하듯, 우리도 술이 태어나는 현장으로 떠나볼까요?

우리술이 문화가 되는 시대

요즘 우리술 문화가 젊은 세대가 모이는 거리 곳곳까지 확산되고 있습니다. 서촌의 바 '참'이나 을지로의 '칠점팔(7.8)' 같은 전통주 전문 바에 가면 청춘남녀들이 와인잔에 막걸리를 따라 마시는 모습을 흔히 볼 수 있어요. 홍대, 성수동의 보틀숍이나 전통주점에서도 다양한 우리술을 구입할 수 있습니다. MZ세대들은 백세주와 토닉워터를 섞어 '조선하이볼'을 만들어 마시고, 막걸리에 커피믹스를 넣은 '커피 막걸리'로 전통과 트렌드를 새롭게 뒤섞습니다. 《케이팝 데몬 헌터스(케데헌)》의 열풍으로 한류 붐이 전 세계적으로 확산 중인데, 이제 우리술도 새로운 문화로 MZ세대를 넘어 글로벌 문화로 자리 잡길 꿈꿔 봅니다.

축제로 만나는 우리술

계절마다 전국 각지에서 열리는 우리술 축제는 이제 지역의 대표적인 문화 행사가 되었습니다. 봄이 오면 서울 양재 aT센터에서 100여 개 양조장이 참가하는 '대한민국막걸리엑스포(MAXPO)'가 열리고, 여름이면 제주 이호테우해수욕장에서 '제주한잔 우리술 페스티벌'이 펼쳐집니다. 가을은 그야말로 막걸리 축제의 계절입니다. 10월 고양시에서 열리는 '전국 막걸리 축제'는 우리나라 11개 광역 시·도의 다양한 막걸리를 출품 및 전시하는 행사입니다. 해마다 전국의 수많은 양조장이 참여해 각양각색의 막걸리를 뽐내는 자리지요. 이 밖에도 전주 막걸리골목 상인들이 참여하는 '전주막걸리축제'와 막걸리와 김치의 조화를 선보이는 청주의 'K-막걸리&김치 축제' 역시 10월에 만나볼 수 있는 대표적인 우리 술 행사입니다.

특히 주목할 만한 것은 정부와 지자체가 함께 만드는 대규모 우리술 행사들입니다. '대한민국 우리술 대축제'와 같은 전국 단위의 행사에서는 전국의 명주들이 한자리에 모여 우리술의 우수성을 알리고, 해외

바이어들과의 비즈니스 상담도 이루어집니다.

우리술 대축제

각 지역의 특색이 고스란히 담긴 이런 축제들은 단순히 술을 마시는 행사가 아닙니다. 우리 전통주의 우수성을 알리고, 지역 경제를 활성화하며, 새로운 관광 자원이 되고 있습니다. 무엇보다 저처럼 우리술을 좋아하는 사람들에게는 전국의 우리술을 한자리에서 맛볼 수 있는 소중한 체험의 기회이기도 하죠.

우리술을 배우는 특별한 공간: 북촌 전통주 갤러리

우리술을 체험해 보고 싶은 분들에겐 서울 북촌에 자리한 전통주 갤러리를 추천합니다. 2015년에 처음 문을 연 이곳은 농림축산식품부와 문화체육관광부가 협력하여 만든 전통주 홍보 공간인데요. 갤러리에는 대한민국 식품 명인이 빚은 전통주, 우리술 품평회 수상작, 찾아가는 양조장의 제품 등 뛰어난 품질의 전통주들이 전시되어 있습니다. 하지만 이곳의 진짜 매력은 무료 시음 프로그램입니다. 전문 소믈리에의 설명과 함께 매달 4종에서 5종의 '이달의 시음주'를 맛볼 수 있는데요. 평소 접하기 힘든 지역별 전통주를 시음하고 설명도 들을 수 있습니다.

북촌 전통주 갤러리

양조장에서 만나는 진짜 우리술

무엇보다 우리술을 가장 깊이 있게 경험하는 방법은 직접 양조장을 찾아가는 것입니다. 농림축산식품부와 한국농수산식품유통공사가 매년 지역의 우수 전통주 양조장을 선정하는 '찾아가는 양조장'에 방문하면, 술이 빚어지는 현장에서 양조가의 이야기를 듣고, 발효실의 향기를 맡으며, 다양한 프로그램 체험과 갓 빚은 술을 맛볼 수 있습니다.

　우리술 투어를 가자!

저는 강화도에 위치한 금풍양조장을 찾은 적이 있습니다. 이곳 역시 찾아가는 양조장으로 선정된 곳으로, 단순 견학을 넘어 막걸리 담그기 같은 체험 프로그램을 운영하며 우리술 문화를 온몸으로 느낄 수 있게 합니다. 오래된 우물터를 구경하며 옛날 사람들이 어떤 물로 술을 빚었을지 상상해 보았고, 한쪽 벽면에 놓여 있던 옛 술병들에서 세월의 무게를 느꼈습니다. 또한 세월의 흔적이 고스란히 남아 있는 양조장 건물을 직접 걸으며, 그 공간 자체가 살아 있는 역사책처럼 다가왔습니다. 술맛을 알기 전에 이미 술의 이야기에 취해 버린 경험이었습니다.

재밌었던 건 양조장 대표님들의 성품이 하나같이 친절하고 순하셨다는 점입니다. 마치 순한 우리술을 오래 빚다 보니 사람의 마음이 술을 닮아 간 게 아닌가 생각했습니다.

우리술 칵테일 만드는 방법

요즘 젊은 세대 사이에서 전통주가 다시 인기라고 합니다. 특히 개성을 중시하는 MZ세대의 취향이 전통주에 믹솔로지라는 새로운 변화를 만들고 있다고 하네요.

믹솔로지(Mixology)는 '섞다(Mix)'와 '학문(-ology)'이 결합된 용어로, 다양한 술과 음료를 섞어 새로운 맛과 경험을 창조하는 걸 의미합니다. 2019년 이후 MZ세대 및 편의점 중심으로 '백세주'를 이용한 '조선하이볼'이 인기를 끌었습니다. 백세주 고유의 인삼 향과 각종 한약재의 향에 토닉워터와 레몬을 섞어 청량감과 쌉싸름한 맛을 조합한 하이볼인데요. 한약 하이볼이라는 독특함 때문에 MZ세대도 흥미로워하지만, 기성세대도 함께 즐길 수 있는 술이라 생각했습니다.

믹솔로지: 어원적으로는 '섞다(Mix)'에 학문을 뜻하는 접미사 '-ology'가 붙은 말로 국내 언론에서는 전문성을 강조하기 위해 '기술(Technology)'과 결합한 의미로 설명함.

조선하이볼

재료

백세주 150mL, 토닉워터 150mL, 레몬 1/4

글라스	기법	장식
500mL 맥주 잔	글라스에 재료를 직접 넣는 빌드(Build)	레몬 웨지

조선시대 3대 명주로 불리는 감홍로, 이강주, 죽력고가 칵테일 베이스로 주목받고 있다니, 우리 조상님들이 알면 어떤 표정을 지으실까요?

전문가가 추천하는 우리술 칵테일

우리술 품평회의 심사위원을 맡고 있는 전재구 대표님의 우리술 칵테일 레시피를 소개해 드릴게요. "우리술 칵테일을 만들 때 가장 중요한 것은 맛과 멋, 그리고 밸런스"라고 하시더군요. 특히 '신토불이 원칙'을 강조하시는데, 같은 지역에서 생산되는 술과 음식의 궁합이 좋다는 걸 상기하면 지역 특산물을 활용한 칵테일 제조가 가능하다고 합니다.

유채꽃

재료

고소리술 45mL, 유자청 2tsp, 토닉워터 Fill

글라스	기법	장식
하이볼 글라스 (Highball Glass)	글라스에 재료를 직접 넣는 빌드(Build)	레몬 웨지

그린나래

재료

화요(41도) 45mL, 유자청 2tsp, 라임 주스 15mL, 애플 민트 약간

글라스	기법	장식
칵테일 글라스 (Cocktail Glass)	얼음과 재료를 넣고 흔들 어 섞는 셰이크(Shake)	애플 민트

집에서 만드는 막걸리 칵테일

막걸리 칵테일도 정말 다양하게 발전하고 있습니다.

'어남주(막걸리 셰이크)'는 한 방송 프로그램에서 배우 류수영 씨가 소개해 화제가 된 칵테일입니다. 얼린 우유(혹은 얼음)와 막걸리를 2:2 비율로 넣고 연유 1을 더해 갈아 만드는데, 여기에 코코넛 럼주(말리부) 한 뚜껑을 추가하면 "상상을 초월하는 맛"을 낸다고 합니다. 솔직히 처음 들었을 때는 '이게 맛있을까?' 싶었는데, 의외로 중독성이 있더라고요. 어남주의 맛은 달콤, 고소, 크리미하면서 시원한 맛이 특징인데요. 달콤한 캔디바 맛이 납니다.

또 유명한 믹솔로지 막걸리인 커피 막걸리는 '막걸리카노'라고도 불리는데요. 막걸리 한 컵(300~400mL)에 커피믹스 2개를 넣어 만드는 초간단 레시피로 MZ세대들 사이에서 호불호가 극명하게 갈리는 음료로 관심을 끌고 있습니다. 마치 커피 맛 쿠크다스를 막걸리에 찍어 먹는 맛이라고 표현하면 이해하실 수 있지 않을까 싶습니다.

오늘 저녁, 냉장고 속에 백세주나 전통주가 잠자고 있다면 가볍게 토닉워터 한 잔을 섞어 보세요. 어쩌면 당신만의 믹솔로지 레시피를 발견하게 될지도 모릅니다.

우리술 지역축제

전국 각지에서 우리술을 주제로 한 다양한 축제가 열리고 있다는 사실, 알고 계셨나요? 봄부터 가을까지 계절마다, 지역마다 특색 있는 전통주 축제가 펼쳐지고 있습니다.

대한민국 우리술 대축제 – 전통주의 모든 것이 모이는 곳

농림축산식품부와 한국농수산식품유통공사(aT)가 매년 주최하는 대한민국 우리술 대축제는 명실상부한 대한민국 최대 규모의 전통주 축제입니다. 매년 11월 서울 양재동 aT센터에서 열리는 이 축제는 해를 거듭할수록 성황을 이루고 있습니다. 2025년에는 역대 최대 규모인 전국 122개 양조장이 참가하여 다양한 전통주를 선보였습니다.

입장료는 10,000원(사전등록 시 할인)으로, 한 번 구매하면 3일 동안 자유롭게 출입할 수 있습니다. 매년 2만 명 이상의 관람객이 찾는 이 축제는 최근 청년층과 외국인까지 관람객층이 다양화되어 우리술 문화 확산의 중심 역할을 하고 있습니다.

우리술 대축제의 매력은 단순한 시음을 넘어선 다양한 프로그램에 있는데요. 탁주, 약주, 과실주 등을 직접 시음하고 구매할 수 있는 것은 물론, 직접 막걸리를 빚어보는 체험 프로그램도 마련되어 있어요. 특히 주목할 만한 것은 매년 실시되는 우리술 품평회 수상작들을 한자리에서 만날 수 있다는 점입니다. 최고의 품질을 인정받은 전통주들을 시음하고 구매할 수 있는 기회죠.

계절별로 즐기는 우리술 축제

5월이 되면 서울 양재 aT센터에서 대한민국 막걸리엑스포(MAXPO)가 열립니다. 100여 개 양조장이 참가하는 막걸리 전문 박람회로, 전국의 다양한 막걸리를 한자리에서 만날 수 있는 기회입니다. 여름이 시작되는 5월 말에서 6월 초가 되면 광주에서는 '광주주류관광페스타'가 열립니다. 김대중컨벤션센터에서 개최되는 이 행사는 세계 10여 개국, 100여 개에 달하는 업체가 참여해 1,000여 종의 주류를 선보이는 국제적인 규모를 자랑하지요. 이어 6월에는 안동 월영공원에서 '경북 전통주&종가음식 문화대축전'이 열려 전통주와 종가 음식을 함께 즐길 수도 있습니다. 경북 지역의 대표 전통주와 16개 종가의 음식이 만나는 특별한 축제로, APEC 행사와도 연계되어 더욱 의미가 깊습니다.

한여름인 7월, 제주도 이호테우해수욕장에서는 '제주한잔 우리술 페스티벌'이 펼쳐집니다. 이는 국내 유일의 해변 전통주 축제로도 유명한데요, 탁 트인 제주 바다를 바라보며 제주의 다채로운 전통주를 즐길 수 있다니 정말 낭만적이지 않나요?

가을이 되면 전국 곳곳에서 막걸리 축제가 열립니다. 먼저 9월에는 춘천 KT&G 상상마당에서 '춘천 술페스타'가 열립니다. 지역의 다양한 술 제조업체가 참여하는 이 행사에는 지역 전통주의 브랜드 가치를 높이고 관광과 연계한 다채로운 프로그램이 마련됩니다.

10월은 그야말로 막걸리 축제의 절정입니다. 고양시 일산문화광장에서는 '전국 막걸리 축제'가 성대하게 펼쳐집니다. 전국 최대 규모를 자랑하는 만큼, 해마다 수많은 양조장이 참여해 수백여 종의 막걸리를 선보이는 '막걸리 성지'와도 같은 곳이지요. 같은 달 전주에서는 '전주 막걸리축제'가 열리는데, 지역 대표 축제인 '전주페스타'와 연계되어 막걸리골목 상인들과 시민이 함께 참여하는 지역 밀착형 축제를 즐길 수 있습니다.

가을이 깊어 가는 '막걸리의 날(10월 31일)' 즈음에는 청주시 문화제조창에서 'K-막걸리&김치 축제'가 열립니다. 막걸리와 떼려야 뗄 수 없는 단짝, 김치와의 환상적인 페어링을 선보이는 이 축제는 전국의 내로라하는 막걸리와 충북의 지역 술을 한자리에서 만날 수 있는 맛있는 기회입니다.

지역별 특색이 담긴 축제들

각 지역의 우리술 축제는 그 지역만의 특색을 잘 살리고 있습니다. 제주는 해변이라는 자연환경을 활용하고, 전주는 막걸리골목이라는 지역 문화유산을 활용합니다. 청주는 김치와의 페어링이라는 새로운 시도를 하고 있고요.

이런 축제들은 단순히 술을 마시는 행사가 아닙니다. 우리 전통주의 우수성을 알리고, 지역 경제를 활성화하며, 관광 자원으로도 활용되고 있습니다. 특히 젊은 세대들이 전통주에 관심을 갖게 되는 계기가 되고 있다는 점에서 의미가 큽니다.

축제 정보를 찾는 방법

위에 소개한 축제들은 일부에 불과합니다. 매년 새로운 지역 축제가 생겨나고 있어 모든 정보를 담기는 어렵습니다. 관심 있는 분들은 한국관광공사에서 운영하는 '대한민국 구석구석' 사이트(https://korean.visitkorea.or.kr/)를 참고하시면 좋을 것 같습니다. 지역별, 시기별로 다양한 축제 정보를 검색할 수 있고, 상세한 일정과 프로그램 내용도 확인할 수 있습니다.

축제명	개최 시기	장소	특징
대한민국 막걸리엑스포	5월 하순	서울 양재 aT센터	단순 시음을 넘어 막걸리 산업의 동향과 신제품을 볼 수 있는 산업 박람회
광주주류 관광페스타	5월 말 ~6월 초	김대중 컨벤션센터	우리 술뿐만 아니라 와인, 위스키, 고량주 등 전 세계 주류를 볼 수 있는 호남권 최대 주류 전시회, 홈술·혼술 트렌드에 맞는 다양한 안주류와 캠핑 용품도 함께 전시
경북 전통주& 종가음식 문화대축전	6월 중순	안동 월영공원	안동의 고택과 월영교의 야경을 배경으로, 경북의 전통주와 수백 년을 이어 온 '종가 음식'의 페어링을 체험할 수 있는 축제
제주한잔 우리술 페스티벌	7월 중순	제주시 이호테우 해수욕장	제주 해변에서 제주산 쌀, 보리, 감귤 등으로 빚은 로컬 전통주를 즐길 수 있는 친환경 축제
춘천 술페스타	9월 하순	KT&G 상상마당 춘천	춘천 및 강원 지역 소재 양조장들이 주축이 되어, 재즈 공연 등 문화 예술 프로그램과 함께 술을 즐길 수 있는 행사
고양 전국 막걸리 축제	10월 중순 ~하순	고양 일산 문화광장	일산문화광장에서 자유롭게 즐기는 개방형 축제로, 전국 팔도 막걸리가 총출동하여 대중적이고 왁자지껄한 장터 분위기 연출
전주막걸리 축제	10월 말	전주 종합경기장	전주 특유의 '막걸리 한 주전자' 문화(술을 시키면 안주가 딸려 나오는 문화)를 축제로 연결했으며, 전주비빔밥축제 등과 통합된 '전주페스타' 기간에 열려 볼거리가 풍성
K-막걸리& 김치 축제	10월 말 ~11월 초	청주시 문화제조창	10월 31일 막걸리의 날을 기념하며 막걸리의 단짝인 김치, 그중에서도 충북의 '못난이 김치' 등 지역 특화 김치와의 페어링을 전문적으로 선보이는 축제
우리술 대축제	11월 중순	서울 양재 aT센터	농림축산식품부가 주최하는 가장 공신력 있는 행사로서 그해 최고의 술을 뽑는 '우리술 품평회' 시상식이 열리며, 전국의 프리미엄 전통주를 한 곳에서 비교 시음할 수 있는 '끝판왕' 행사

찾아가는 양조장

우리술을 좋아하시는 분들이라면, 단순히 술만 마시는 것이 아니라 술이 만들어지는 과정을 직접 눈으로 보고, 직접 빚어도 보고 싶으실 겁니다. 이에 적합한 장소가 '찾아가는 양조장'이지요.

전국 우리술 투어의 목적지

농림축산식품부와 한국농수산식품유통공사(aT)가 2013년부터 추진해 온 '찾아가는 양조장' 사업은 전국의 우수한 양조장을 체험관광지로 육성하는 프로그램입니다. 이미 선정된 양조장의 수가 전국 60개소를 훌쩍 넘어섰으며, 지금 이 순간에도 매년 새로운 양조장들이 추가되어 여행객들을 맞이하고 있습니다. 최근 충북 영동의 컨츄리 와이너리, 청주의 신선, 강원 춘천의 지시울, 철원의 우창, 인천 강화의 연미정 등 다양한 지역의 양조장들이 신규 선정되어 즐길 거리가 더욱 풍성해졌습니다. 이 책에 소개된 지역별 양조장 리스트를 확인하시어 전국 우리술 투어의 목적지를 정해 보시길 바랍니다.

양조장의 역사성과 지역 연계성, 술 품질인증 보유 여부, 전통주 품평회 수상 이력 등을 종합적으로 평가하여 선정되는 만큼, 찾아가는 양조장은 우리술의 우수성을 직접 확인할 수 있는 검증된 공간이라 할 수 있습니다.

2025년 찾아가는 양조장 현황

시도	지역	제조장
수도권	포천	농업회사법인 술빚는전가네
	포천	배상면주가
	가평	(주)우리술
	용인	농업회사법인(주)술샘
	여주	농업회사법인(주)술아원
	화성	(주)배혜정도가
	오산	농업회사법인 오산양조(주)
	평택	농업회사법인(주)좋은술
	평택	호랑이배꼽양조장(밝은세상영농조합)
	인천	인천탁주
	인천	연미정 와이너리
	강화	농업회사법인 금풍양조 주식회사
	파주	산머루농원영농조합법인
	안산	그랑꼬또 와이너리(그린영농조합)

시 도	지역	제조장
강원도	춘천	농업회사법인 예술주식회사
	춘천	농업회사법인 주식회사 지시울
	횡성	(주)국순당
	원주	협동조합 모월
	철원	농업회사법인 주식회사 우창(두루미양조장)
충청도	단양	대강양조장
	충주	중원당
	당진	신평양조장
	천안	농업회사법인(주)두레양조
	청주	(농)조은술세종(주)
	예산	농업회사법인 예산사과와인(주)
	청주	농업회사법인 장희(주)
	청주	농업회사법인 (유)화양
	청주	(농)(주)신선
	옥천	이원양조장
	논산	농업회사법인 (유)양촌양조
	영동	시나브로 와이너리(불휘농장)
	영동	도란원
	영동	산막와이너리
	영동	여포와인농장
	논산	농업회사법인 주식회사 양촌와이너리
	서천	한산소곡주명인 농업회사법인(주)
	영동	갈기산(주)농업회사법인
	영동	컨츄리와이너리

시도	지역	제조장
경상도	울진	울진술도가
	문경	문경주조
	안동	명인안동소주
	안동	농업회사법인(주)밀과노닐다
	안동	국가유산·명인 조옥화 안동소주
	문경	오미나라(제이엘)
	상주	은척양조장
	의성	한국애플리즈
	영천	한국와인
	김천	수도산 와이너리
	영천	고도리와이너리
	함양	하미앙
	함양	농업회사법인(주)솔송주
	창원	(농)맑은내일(주)
	울주	복순도가
	금정	(유)금정산성토산주
전라도	정읍	태인양조장
	무주	덕유양조
	남원	지리산운봉주조영농조합
	장성	(농)(주)청산녹수
	담양	추성고을
	나주	농업회사법인 다도참주가 유한회사
	진도	대대로(영)
	해남	해창주조장 주식회사 농업회사법인
제주도	제주	제주샘주(영)
	서귀포	제주술익는집

찾아가는 양조장

우리술 품평회

15년 역사의 권위 있는 대회

2010년부터 시작된 우리술 품평회는 농림축산식품부와 한국농수산 식품유통공사가 주관하는 국내 유일의 정부 공인 전통주 경연대회입 니다. 벌써 15년이 넘는 시간 동안 우리술의 품질 향상과 경쟁력 강화 를 위해 꾸준히 이어져 왔어요.

처음 시작할 때는 158개 업체에서 203개 제품이 출품되었는데, 해를 거듭할수록 늘어나 최근에는 240여 개 양조장에서 400개에 육박하 는 제품이 출품될 정도로 그 규모가 크게 확대되었습니다.

까다로운 심사 과정

1차 제품평가는 전문가 60점과 국민위원 10점으로 70점 만점, 2차 서류평가는 국산 농산물 사용비율이나 술품질인증 취득 등을 30점 만점으로 평가합니다. 2017년부터는 대통령상 제도도 생겼습니다. 부문별 대상 수상작 중에서 단 1점만 선정하는데, 양조장 현장까지 직접 방문해서 시설, 품질관리, 유통 역량 등을 종합적으로 평가합니다.

해마다 수백 개의 제품이 출품되지만, 그중 영광의 주인공이 되는 건 20여 개 남짓한 제품뿐입니다. 대통령상을 정점으로 대상, 최우수상, 우수상 등으로 이어지는 수상 리스트에 이름을 올리기 위해 경쟁률은 수백 대 일에 달합니다. 치열한 과정을 거친 만큼 혜택도 파격적입니다. 상금은 물론 정부 차원의 홍보와 유통 지원, 해외 수출 기회까지 제공되니까요. 특히 정부 공식 행사의 건배주로 선정될 수 있다는 점은 양조장의 브랜드 가치를 단숨에 끌어올리는 최고의 기폭제가 됩니다.

역대 대통령상 수상작

역대 대통령상 수상작을 살펴보면 우리술의 다양성을 확인할 수 있습니다. 2017년 첫 시상부터 2025년까지의 결과를 종합해 보면, 약청주 부문이 총 4회로 가장 많이 수상했고, 증류주가 3회로 그 뒤를 바짝 쫓고 있습니다. 탁주와 과실주는 각각 1회씩 영예를 안았습니다.

이런 결과를 보니 우리술이 정말 예측하기 어려운 것 같습니다. 막걸리만 해도 지역마다, 양조장마다 전혀 다른 맛을 내거든요. 약주나 청주도 마찬가지고요.

일반 소비자 입장에서 품평회는 참 고마운 존재입니다. 전통주점에 가면 수십 종의 술이 있는데 그중에서 무엇을 선택할지 늘 고민되거든요. 품평회 수상작이라는 라벨은 충분한 선택의 기준이 되어 줍니다. 물론 개인 취향이야 다르겠지만, 최소한 '이 술은 객관적으로 인정받은 품질을 가지고 있다'는 신뢰를 주니까요. 특히 전통주를 처음 접하는 분들에게는 더욱 도움이 될 것 같습니다.

앞으로의 과제

물론 아쉬운 점도 있습니다. 업계에서는 관능 평가보다 서류 평가의 비중이 커서 작은 양조장들의 참여가 어렵다는 지적도 있어요. 또한 전국 1,000여 양조장 중 아직 참여하지 않는 곳이 많다는 점도 아쉽습니다.

하지만 15년 동안 지속적으로 발전해 온 품평회의 모습을 보면, 앞으로도 더 나은 방향으로 개선되어 갈 것이라는 믿음이 생깁니다. 2021년 국민심사위원단 도입, 2024년 탁주 부문 세분화 등 꾸준한 변화를 시도하고 있으니까요.

우리술 품평회는 단순한 경연대회를 넘어서 우리 전통문화를 계승하고 발전시키는 중요한 역할을 하고 있습니다. 2,000년 역사의 우리술 문화를 현대적으로 재해석하고, 전 세계에 우리술의 우수성을 알리는 창구 역할도 하고 있고요.

다음에 전통주점에 가시게 되면, 품평회 수상작 라벨이 붙은 술을 한 번 찾아보세요. 전문가들이 인정한 그 맛이 어떤 건지 직접 경험해 보실 수 있을 거예요.

우리술 품평회 입상제품

연도	부문	수상	제품명	제조장	지역
2025	저도탁주	대상	호랑이 유자 생막걸리	(주)배혜정도가	경기
		최우수상	딸기막걸리	성수주조장	전북
		우수상	산정호수 동정춘 막걸리	(주)(농)술빚는전가네	경기
	고도탁주	대상	은하수 별헤는밤	발효공방1991	경북
		최우수상	지란지고 탁주	친구들의 술 지란지고	전북
		우수상	청명주 탁주	중원당	충북
	약·청주	대상	천비향 약주 15도	농업회사법인(주)좋은술	경기
		최우수상	경성과하주	농업회사법인(주)술아원	경기
		우수상	투두불물 약주	농업회사법인(수)수블가	경기
	과실주	대상	미르아토 샤인머스켓 화이트 스파클링	금용농산	충북
		최우수상	크라테 드라이	수도산와이너리	경북
		우수상	컨츄리 캠벨 스위트	컨츄리 와이너리	충북

연도	부문	수상	제품명	제조장	지역
2025	증류주	대상	가무치소주 25도	농업회사법인 주식회사 다농바이오	충북
		최우수상	여유 40	농업회사법인(유)양촌양조	충남
		우수상	추사 50	농업회사법인 예산사과와인(주)	충남
	기타주류	대상	허니문	아이비허니	경기
		최우수상	달하는꿀술 애플	농업회사법인 주식회사 양나인비노	강원
		우수상	코아베스트 베럴에이징 보쉐	농업회사법인주식회사 코아베스트	경기
2024	저도탁주	대상	독수리막걸리	농업회사법인 신탄진주조(주)	대전
		최우수상	새냉이길 막걸리	주식회사 진정브루잉	강원
		우수상	산정호수 동정춘 막걸리	(주)(농)술빚는전가네	경기
	고도탁주	대상	해남찹쌀생막걸리 9도	삼산주조장	전남
		최우수상	볼빨간 막걸리10	농업회사법인(주)벗드림	부산
		우수상	프리미엄 막걸리 이바비	(농)흥해라 이팝(주)	경북
	약·청주	대상	한영석 백수환동주	농업회사법인(주)한영석의 발효연구소	전북
		최우수상	지란지교 프리미엄 약주	(유)친구들의술지란지교	전북
		우수상	풍정사계 춘	농업회사법인 (유)화양	충북
	과실주	대상	포엠 로제	갈기산포도농원(주) 농업회사법인	충북
		최우수상	예밀와인 드라이	예밀2리영농조합법인	강원
		우수상	시나브로 청수 화이트	불휘농장	충북
	증류주	대상	이도 42	(농)조은술세종(주)	충북
		최우수상	두레앙 일반증류주	(농)(주)두레양조	충남
		우수상	려 고구마 증류소주 40 (고구마 100%)	(농)국순당여주명주(주)	경기
	기타주류	대상	허니문	아이비영농조합법인	경기
		우수상	우도땅콩생전통주	영농조합법인 우도땅콩막걸리 낙화곡주	제주

열 손가락 깨물어
안 아픈 손가락이 없었던
우리술

이 책을 마무리하며, 문득 제가 처음 전통주를 접했던 날이 떠오릅니다. 그때는 사실 전통주보다는 전통차에 더 관심이 많았던 시기였는데요. 막걸리와 동동주의 차이도 몰랐고, 약주와 청주가 왜 헷갈리는지도 이해하지 못했습니다. 하지만 하나씩 알아가고 맛보면서, 우리술은 정말 '열 손가락 깨물어 안 아픈 손가락이 없는' 존재가 되어 버렸습니다.

모두가 특별한 우리술

어떤 분들은 묻습니다. "그래서 가장 좋아하는 우리술이 뭐예요?" 그럴 때마다 선뜻 대답하기가 어렵습니다. 봄날 매화꽃으로 빚은 매화주의 은은한 향이 좋다가도, 여름날 시원하게 한 잔 들이켠 생막걸리의 청량감이 그립고, 가을 국화를 띄운 국화주의 우아함에 마음이 가다가도, 겨울밤 따뜻하게 데운 이강주의 깊은 맛이 생각납니다.

막걸리 하나만 봐도 그렇습니다. 전통 누룩으로 빚어 누런빛이 도는 진한 막걸리도 좋고, 깔끔하고 단맛이 나는 흰 막걸리도 좋습니다. 6도짜리 가벼운 막걸리를 벌컥벌컥 마시는 것도 즐겁고, 12도가 넘는 프리미엄 막걸리를 작은 잔에 따라 음미하는 것도 또 다른 매력입니다.

다양함이 주는 풍요로움

우리나라 전통주가 가진 가장 큰 매력은 바로 이 '다양함'입니다. 같은 재료로도 빚는 방법에 따라, 숙성 기간에 따라, 온도에 따라 전혀 다른 술이 됩니다.

황곡균이 만들어 내는 황금빛 약주도 아름답고, 투명한 증류식 소주의 깨끗함도 좋습니다. 발효 과정에서 자연스럽게 생기는 포도 향, 사과 향, 꽃향기는 인공적으로 만들 수 없는 자연의 선물이고, 달고, 시고, 쓰고, 떫고, 매운 오미가 조화를 이루는 맛은 우리 전통주만의 특별함입니다.

도자기 사발에 따라 마시는 막걸리도, 청자잔에 담긴 약주도, 작은 은잔에 든 증류식 소주도, 와인잔에 부은 과실주도 모두 각자의 자리에

서 빛을 발합니다. 어느 하나 버릴 것이 없고, 어느 하나 소중하지 않은
것이 없습니다.

우리가 함께 만들어 가는 전통주 문화

이 책을 통해 전통주의 구분법부터 제조 방법, 맛과 색, 향의 특징, 그
리고 어울리는 잔까지 다양한 이야기를 나누었습니다. 하지만 제가 다
담지 못한 이야기가 훨씬 더 많습니다.

우리나라에는 아직도 수백 가지가 넘는 전통주가 있고, 각 지역마다
독특한 재료와 제조 방법으로 빚어 내는 술들이 숨어 있습니다. 전국
곳곳의 작은 양조장에서는 오늘도 묵묵히 좋은 술을 빚고 있고, 젊은
양조가들은 전통을 지키면서도 새로운 시도를 멈추지 않고 있습니다.

안주는 남겨도 술은 남기지 않는 당신께

처음 이 책을 시작하며 "안주는 남겨도 술은 남기지 않는 당신을 위하
여"라고 썼습니다. 지금도 그 마음은 변함이 없습니다. 우리처럼 술을
사랑하는 분들이 우리술의 다양한 매력을 발견하고, 각자의 취향에
맞는 술을 찾아가는 여정을 함께하고 싶었습니다.

이제 여러분도 우리술의 세계에 한 발 들어오셨습니다. 막걸리와 동동

주의 차이를 알고, 약주와 청주를 구분할 수 있으며, 각 술에 어울리는 잔과 온도를 이해하게 되셨지요. 하지만 이것은 시작일 뿐입니다.

앞으로 만나게 될 수많은 우리술 중에서 여러분의 '최애' 술을 찾아가는 여정이 즐겁기를 바랍니다. 그리고 언젠가는 여러분도 저처럼 "열 손가락 깨물어 안 아픈 손가락이 없다"며 행복한 고민에 빠지게 되기를 희망합니다.

우리술은 단순한 음료가 아닙니다. 우리의 역사이자 문화이고, 조상들의 지혜이자 현재를 살아가는 우리들의 즐거움입니다. 그리고 무엇보다, 우리가 함께 만들어 가는 살아 있는 전통입니다.

오늘도 어딘가에서 우리술 한 잔을 기울이고 계실 여러분께, 그리고 안주는 남겨도 술은 남기지 않는 모든 분들께 이 책이 작은 동반자가 되었기를 바라며...

최애의
전통주

초판 1쇄 발행 2026년 2월 11일

지은이　　조희원, 정민환
일러스트　조희원
펴낸이　　이광재

책임편집　성상현
편집　　　김형준
디자인　　이창주

펴낸곳 카멜북스　**출판등록** 제311-2012-000068호
주소 서울특별시 마포구 양화로12길 26 지월드빌딩 (서교동 395-7) 3층
전화 02-3144-7113　**팩스** 02-6442-8610　**이메일** camelbook@naver.com
홈페이지 www.camelbooks.co.kr　**페이스북** www.facebook.com/camelbooks
인스타그램 www.instagram.com/camelbook

ISBN 979-11-93497-14-2(03590)

- 책 가격은 뒤표지에 있습니다.
- 파본은 구입하신 서점에서 교환해 드립니다.
- 이 책은 저작권법에 의하여 보호받는 저작물이므로 무단 전재 및 복제를 금합니다.